毛皮兽疾病防治

刘鼎新 刘长明 编著

金盾出版社

内 容 提 要

本书由中国农业科学院哈尔滨兽医研究所的专家编著。内容包括狐、貂、貉、海狸鼠、麝鼠、毛丝鼠、兔等毛皮兽的疾病临床诊断技术及传染病、寄生虫病、中毒病、代谢病、仔兽疾病、常见内外科疾病的防治方法等。是一本理论与实践相结合、实用性强的科技著作,适于畜牧兽医科技工作者和毛皮兽养殖人员阅读。

图书在版编目(CIP)数据

毛皮兽疾病防治/刘鼎新,刘长明编著.—北京:金盾出版社,1999.10
ISBN 978-7-5082-0853-4

Ⅰ.毛… Ⅱ.①刘…②刘… Ⅲ.毛皮动物-野生动物病-防治 Ⅳ.S858.9

中国版本图书馆 CIP 数据核字(98)第 37419 号

金盾出版社出版、总发行

北京太平路 5 号(地铁万寿路站往南)
邮政编码:100036 电话:68214039 83219215
传真:68276683 网址:www.jdcbs.cn
封面印刷:北京精彩雅恒印刷有限公司
正文印刷:北京 2207 工厂
装订:第七装订厂
各地新华书店经销

开本:787×1092 1/32 印张:6.5 字数:146 千字
2008 年 9 月第 1 版第 4 次印刷
印数:24001—32000 册 定价:10.00 元

序

我国幅员辽阔，毛皮兽资源十分丰富。随着人民生活水平的提高，毛皮加工业的进步，毛皮兽养殖业得到了迅猛的发展，水貂、狐狸、貉、海狸鼠等裘皮制品，已成为市场紧俏商品。黑龙江、吉林、辽宁、河北、山东、江苏、陕西、内蒙古等地的毛皮兽养殖业已达到了相当的规模，涌现出了一批专业养殖户、专业养殖场，毛皮兽养殖已成为发展农业经济的重要项目，毛皮产量已跻身于生产大国行列。发展毛皮兽养殖业还具有保护野生动物资源、维护自然生态平衡的重要作用。

毛皮兽养殖，经常遇到疾病防治问题。一些毛皮兽的疫病目前仍在流行，有的养殖场甚至有扩大蔓延的趋势，造成的损失相当严重，成为毛皮兽养殖业发展的主要制约因素之一。要扩大毛皮兽养殖，必须解决其疾病防治问题。因此，普及、提高毛皮兽疾病防治的科学知识和技术水平，是摆在养殖人员和科技工作者面前的重要任务。

著名的毛皮兽疾病防治专家刘鼎新研究员从 1958 年起开展了这一领域的研究工作，曾多次举办全国性的毛皮兽疾病防治培训班，他主持研究成功的犬瘟热病病毒弱毒冻干疫苗、免疫荧光抗体与 SPA 免疫酶诊断技术已在全国推广应用，并取得了良好的效果。值此中国农业科学院哈尔滨兽医研究所建所 50 周年之际，他与经济动物疾病课题主持人、青年专家刘长明副研究员一道，在总结多年研究成果的基础上，博览群书，去粗取精，进行科学的归纳、总结，本着理论与实践相结合、注重实用的原则，撰写了《毛皮兽疾病防治》一书。此书的出版,是对我国毛皮兽养殖业的一个重要贡献。

本书以毛皮兽疾病防治为中心,对其中一系列科学技术问题作了深入浅出的描述,介绍了毛皮兽各种疾病的发生原因、临床症状、病理变化、实验室诊断技术等新理论、新方法,便于广大读者学习应用,以提高毛皮兽疾病防治水平。笔者认为,此书是一本质量上乘的好书,值得推广应用。

对于本书,我有幸先睹为快,特欣然为序。

中国农业科学院哈尔滨
兽医研究所研究员、所长
于康震
1999 年 4 月

目 录

第一章　毛皮兽的饲养管理与防病

一、毛皮兽的生物学特性

1. 性情凶暴、胆小怕人　毛皮兽如银黑狐、北极狐、水貂、黑貂、海狸鼠等，基本上是野兽，不听人的呼唤，很难接近和捕捉。即或经笼养及部分人工驯化，其历史也是很短的。毛皮兽的这些习性，说明其对已形成的野生环境的适应性是一时难于改变的。

2. 大部分是肉食兽　毛皮兽大部分是肉食兽，这些兽类已适应于肉类食物，如果不喂给肉食，就不能正常生长、发育。为了适应对肉类食物的消化吸收，其消化器官构造和生理功能都具有一定的特殊性。

3. 生理活动有明显的季节性变化　其物质代谢随着季节的不同而发生相应的变化。秋季用于生命活动过程的营养物质比春夏季为少，储积于体内用作贮备的物质较多，因此，秋季及早春时毛皮兽的物质代谢量要比春、夏季低得多。这种季节性的物质代谢改变，可引起动物体重的变化，例如银黑狐、北极狐和水貂，其体重秋季比夏季（7～8 月份）提高25％～30％。体重增加，主要是体内存积大量脂肪引起的。

在繁殖方面，毛皮兽在一年内绝大多数只有一个时期交配怀孕。如银黑狐、北极狐和水貂都在冬末或早春交配，黑貂在夏季中期（6～7 月份）交配，如果母兽在这个时期没配上，就整年空怀。毛皮兽这种繁殖的季节性也是在长期的发展过程中对其所处环境条件形成的适应性的体现。这一点在生产上有重要的意义。

毛绒的主要用途是在寒冷季节里防止兽体体温散失，在夏季炎热的条件下，毛绒很厚就会妨碍体温散发，造成机体过热，有害于健康。毛皮兽为了避免上述状况，则随春天到来时开始换毛，也就是脱落冬毛；在夏季后半期又开始生长起新毛绒，到秋末冬初毛绒完全长好。这些生物学特性，都是毛皮兽对自然生活条件的适应。若想改变毛皮兽的这些特性，必先掌握其生活习性，有针对性地采取措施，逐步改变其生活环境条件，利用各种干涉的方法，稳步地进行，不可突然改变其生活环境，以免影响毛皮兽的健康和正常发育。

二、毛皮兽的消化生理特点

前面已说过，食肉的毛皮兽其消化系统适应于动物性食物的消化吸收。其牙齿非常尖锐，具有发达的齿面，主要用于捕获食物，并且把它撕成小块。肉食动物的口腔不适于咀嚼食物。这一点说明，毛皮兽不适于摄取新鲜植物的营养。

肉食兽消化道相对长度比草食兽短得多，草食兽（如牛、羊）的肠管长度为体长的 20 倍，狐肠管的长度只有体长的 3.5 倍，北极狐为 5 倍，貉为 7.5 倍，貂（水貂、黑貂）为 5.4 倍，胃肠道的容积较小。毛皮兽的消化进行得非常激烈，例如银黑狐经 6 小时胃内容物可完全排空。经试验，银黑狐 1 小时可以消化 50 克食物，食糜通过胃肠的时间仅 20～30 小时，水貂约 15 小时。其消化系统所具有的这种特性表明，毛皮兽需要营养价值较高并易于消化的食物。而对需要长时间进行细菌发酵过程才能消化的植物性饲料是不合适的。

因此，为了饲养好毛皮兽，只了解饲料成分是不够的，还要了解毛皮兽对哪些饲料消化得快，消化得好，也就是说，饲料内的哪些营养物质可被消化道吸收。还要了解饲料的调制方法，日粮成分是否全价，给量多少及影响饲料消化的各种因素。这些都是非常重要的。

三、毛皮兽的饲养方法

根据毛皮兽的种类、年龄、饲养地区的不同，对繁殖用母兽和公兽可按其生殖活动期的特点来安排饲养工作，对断乳幼兽和准备取皮的成兽要求按其各自的特点来饲养。

1. 性活动静止期母兽的饲养　大多数母兽从仔兽断奶到配种准备时期为生殖静止期，公兽和不参加配种的母兽，是从配种结束到配种准备期为静止期。这个时期毛皮兽对蛋白质、维生素和其他养分的需要量较少，在日粮中可使用较多的肉类代用品，但要保证有足够维持正常的生命活动的能量，同时要确保配种怀孕和泌乳时所需营养成分的贮备。

2. 准备配种期母兽的饲养　这个时期一般从配种前5～6个月算起，应该把此期的营养标准转到特种日粮上来。母兽特别是哺乳的母兽，往往较消瘦，必须及早地恢复体况，采用正常饲养标准进行饲喂，对非常消瘦的母兽，在哺乳结束后，要用泌乳期的饲料饲养一段时间。

3. 配种期公母兽的饲养　这一时期，除黑貂以外，多数毛皮兽表现为食欲不振，因此要减少日粮，喂给营养丰富、易于消化的饲料，增加有促进性活动作用的肉类饲料。较消瘦的公兽，也要补充肉蛋饲料，对过于肥胖的公兽，要适当地减少日粮。

4. 怀孕期母兽的饲养　母兽怀孕期，要保证其营养供应。胎儿的快速生长，是在怀孕后半期开始的。狐、北极狐和貂怀孕期的饲养标准可分两个阶段来考虑，在第二阶段要提高日粮的总能量,主要是提高蛋白质的质量。

5. 泌乳期母兽的饲养 泌乳期应促进母兽正常的乳汁分泌,并随着仔兽日龄增加而逐步加大饲喂量。若营养不足,乳汁不够,仔兽会发育不良,乳汁过多,仔兽吃不完,又会引起乳腺疾病,所以饲喂哺乳母兽时既要做到营养全价,又要注意调节,避免不必要的饲料消耗。另外这一时期应供给充足的维生素 A、维生素 D 及维生素 C。

6. 断乳幼兽的饲养 断乳后头几周,是幼兽生长发育的关键时期。在这一时期里,幼兽抵抗力较弱,易发生多种疾病,如胃肠病、传染病等。另外,一般断乳均在炎热季节,所以应供给优良的饲料来饲喂幼兽。断乳幼兽在头 1 个月里,所喂饲料应优质、新鲜。

7. 准备宰杀取皮兽的饲养 主要应考虑毛绒的发育阶段和状态,来选用合适的饲料。

四、毛皮兽的防病保健工作

1. 预防工作 预防毛皮兽各种传染病的发生,防止寄生虫侵害,减少普通病发生,是预防工作的首要任务。因此,必须做好饲养卫生和卫生检疫工作,建立健全的防疫制度,确保兽群的健康。

2. 日常诊疗工作 对病兽要做到早期发现及时诊断治疗。要做好记录,不断总结诊疗经验,不断采用新技术,以提高诊疗水平。

3. 日常保健工作 应设法使兽群处于良好的健康状态,以提高繁殖率,减少空怀,提高毛皮质量。

第二章 毛皮兽疾病的临床诊断

一、临床诊断的概念

临床诊断即确诊动物疾病的过程和采取的手段。即根据实际情况，调查了解影响兽体健康的环境因素，对动物进行全面检查，采用先进的仪器设备和实验室检验，找出发病原因、疾病的性质、病兽的功能障碍情况等，以及判定病兽的预后和确定防治方法。

临床症状是指动物在发病过程中的形态表现和功能变化的总称。如肿胀、溃疡、精神委顿、食欲不振、呼吸困难等。在可见到的症状中，可分为固有症状和非固有症状，主要症状和次要症状，标准症状和非标准症状等。根据这些症状，就可以作出诊断。例如，犬瘟热病在粘膜上皮细胞中可检出多数典型的嗜酸性包涵体，炭疽病在血液中可查到炭疽杆菌，某些血孢子虫病在血片检查时可发现血孢子虫体，以及血液中出现特异性反应阳性等。

根据查明疾病的程度和范围把诊断分为证候诊断、解剖学诊断和病因诊断三种。其中病因诊断是属于高层次的诊断。

根据判定疾病的正确程度，又可区分为正确诊断、疑似诊断和错误诊断。

预后判断是在正确诊断的前提下，加上对于疾病经过的规律性的预测，而对转归做出判断。预后可分为良好、不良和可疑三种。

二、临床诊断的基本方法

有问诊、视诊、触诊、嗅诊、听诊及叩诊六种，还包括一些特殊的诊断方法。这几种方法不是孤立的，应把用各种方法收集到的症状综合起来加以评定。

1. **问诊**　此法对野生毛皮兽的疾病诊断非常重要。要向饲养管理人员了解病兽的各种情况，作为诊断的基础资料。人工饲养的毛皮兽是在局限环境里生活的，饲养管理人员对兽群较熟悉，可以向他们了解情况，收集对诊治有参考意义的资料。询问病史的主要内容，有以下几个方面：

（1）兽群来源及其饲养管理情况　要查清引进兽群地区或兽场的疾病流行情况及采取的防疫措施。全面了解兽群饲料的种类、质量、来源以及饲料添加剂的使用情况。不少疾病的发生都与饲料的质量有关。如维生素 A、维生素 E 供应不足，饲料贮藏过久，冷冻不当，高脂肪类动物性饲料变质等，会引起黄脂肪病。饮用不清洁的水，易导致球虫和绦虫感染。在管理上，北方如早春过早撤除垫草，会引起兽群呼吸道疾病；笼舍、小室结构不合理，会使兽群发生外伤或进而引起脓肿等。

（2）发病时间、症状和死亡情况　根据发病时间可以了解疾病的经过和推断预后，借助于典型症状可以判断疾病的性质和部位。发病急，死亡率高，很可能是急性传染病（如巴氏杆菌病、犬瘟热等）；兽群大批拒食、腹泻和血便等，可以初步判断为出血性肠炎。

（3）病兽的治疗情况和效果　了解治疗情况有助于分析病情，如果抗生素和磺胺类药物治疗有效，很可能是细菌性传染病，而可依此来制订合理的治疗方案。

（4）病史和流行情况　如养兽场附近出现鸡霍乱流行，病兽又出现急性败血性死亡，很可能是巴氏杆菌病。又如养兽场周围的犬发生急性结膜炎、鼻炎和肺炎，并伴有大批死亡，而病兽也有相似的症状，应怀疑是犬瘟热。

2. **视诊**　用肉眼或借助于器械来观察、检查病兽的精神状态，食欲变化，粪便性质，发病部位的异常变化等。毛皮兽胆小易惊，人不易靠近，视诊时需十分小心细致。

（1）肉眼视诊　在阳光或人工白光下进行。尽量保持环境安静，把病兽放进笼舍或小室内，也可在饲喂时进行观察，不放过任何细微变化。有的疾病，通过仔细观察，即可确定诊断。首先观察病兽的精神状态、体况和肥瘦情况等，进而对各部位进行视诊，如头部、颈部、胸部、腹部和四肢，依次观察有无异常变化。

（2）器械视诊　使用专门器械观察病兽的局部变化。如对口腔、鼻腔、阴道和直肠内部变化等，常用反光镜或电筒照明。直肠和阴道视诊也可用直肠镜或阴道窥器。器械视诊必须在良好保定的条件下进行。

3. **触诊**　用手指、手掌乃至拳头直接触摸患部，通过手感及患兽的反应，检查疾病的状态。如检查患部的温度、硬度、内容物的状态，有无疼痛、肿胀等。根据所用方法和检查部位不同，可分为体表触诊和深部触诊。

（1）体表触诊（又称浅部触诊）　是最常用的方法。触诊时五指并拢，轻轻移动，逐渐加力，手脑并用。

（2）深部触诊　用以检查内脏器官，如胃肠、膀胱及妊娠等。要在良好保定的条件下进行。

4. **嗅诊**　利用嗅觉来嗅闻排泄物、分泌物、呼出的气体和口腔气味等，以此来收集诊断疾病的资料。此法在毛皮兽疾病诊断中占有重要地位。如犬瘟热的浆液性和化脓性结膜炎、鼻炎均具有特殊的恶臭味，水貂的肺坏疽也可嗅到一种臭味。

5. 叩诊和听诊 同家畜疾病诊断的操作方法，对毛皮兽不常使用。

6. 特殊诊断 包括胃探子插入法、导尿管插入法、穿刺法、X 线透视和照相等，还有超声波检查、心电图检查等。

三、临床诊断的主要内容

疾病的诊断包括一般检查、系统检查、实验室检验和电镜检查等。前两项是临床上经常检查项目，后两项在必要时使用，如将病料送往有关检验单位做化验室检查。

1. 一般检查 根据上述的诊断方法，对以下各项逐一进行检查。

（1）外貌检查（也叫体形检查）

①体况和营养：对兽体的体况和营养进行检查。

②姿势检查：看病兽的起卧、寻食和运动的姿势。病理性躺卧，多见于骨折、脱臼和严重的佝偻病等；强迫性站立，多见于胸膜炎和腹膜炎；出现各种各样的运动形式，多见于自咬症、伪狂犬病等。

③性情改变：如狂躁性格变为温顺，对外界反应迟钝或过敏等。

（2）被毛和皮肤检查 健康兽被毛平齐，针毛有光泽，皮肤富弹性。被毛和皮肤发生异常变化，除皮肤、皮毛疾病外，也是维生素缺乏或营养代谢疾病的常见症状。检查方法主要靠视诊和触诊，必要时可刮取材料做显微镜检查。

①被毛：要注意光泽度、长度、颜色、分布情况、清洁程度、是否易脱落和有无卷曲等。当毛皮兽长期营养不良或患有

慢性疾病，如慢性消化不良、慢性阿留申病时，病兽被毛蓬乱无光，长短不一；疾病后期或痊愈期，常见病兽被毛脱落；有秃毛癣或皮肤寄生虫病时，被毛大面积脱落；生物素（维生素 H）缺乏时，被毛色素变淡，针毛变短；水貂患食毛症或自咬症时，体躯局部被毛呈剪毛样或秃毛状；饲养管理不当，也常常出现被毛卷曲，无光和色素变化。

②皮肤的温度和弹性：毛皮兽汗腺不发达，一般情况下不出汗，而鼻镜对气温的反应非常敏感。鼻镜正常状态是比较湿润的，当高度营养不良或人失水时，会出现鼻镜干燥，患热性传染病时，鼻镜明显干燥。皮肤的弹性可以反映毛皮兽的营养状况和健康水平。检查皮肤时可将背部皮肤捏成皱襞，健康者皱襞迅速消退，而泻痢、大出血、虚脱、剧烈呕吐及患有皮肤病、慢性病或饲养管理不良时，皮肤弹性会减退或消失，此时皱襞不能完全消退或消退缓慢。

③皮肤病变：皮肤病变临床表现多种多样，以绒毛稀疏部位的变化较为明显。皮肤由于擦伤而引起严重裂开，称为龟裂。创伤愈合后在皮肤上遗留的各种不同形状的痕迹，称为瘢痕。表皮组织损伤和分解，形成边缘不整齐的火山口样创面，称为溃疡。皮肤上还有脓疱、水泡疹或结痂等变化。

除了上述检查外，对毛皮兽皮肤的每一微小变化都要注意观察，有的细小部位出现变化往往能反映出疾病的特殊症状。如毛皮兽脚爪软垫部肿胀达正常的2～3倍时，即为犬瘟热的典型症状；腹部和后肢被毛浸湿、污染，常是胃肠炎、湿腹症和尿结石的重要症状。

（3）可视粘膜检查　粘膜的变化除本部位的疾病外，还能反映机体血液循环状态和血液成分的变化，所以粘膜检查在临床上有很大意义。检查的部位通常为肛门、阴道和口腔粘膜等。检查的项目有：

①色彩的变化：如苍白,见于各种贫血;潮红,表示充血,多见于日射病和热射病;黄疸见于传染性黄疸,黄脂肪病等;紫绀,多见于心力衰竭,大循环障碍,如水貂食盐中毒和巴氏杆菌病等。

②粘膜肿胀：是粘膜或粘膜下浆液性浸润的结果。犬瘟热的示病症状之一,就是眼结膜、鼻粘膜和肛门粘膜肿胀,出现浆液性、粘液性或化脓性炎症。在毛皮兽发情时出现的阴道粘膜肿胀,不能视为病态。

(4)体温检查　体温测定,在临床上是一项不可缺少的检查内容。各种变态反应、疾病的潜伏期及发病的全过程,体温变化常作为判断病状的一种依据,临床上还常参照体温变化来拟定治疗方案和推测病兽的预后。

测量体温可用人用体温计插入肛门测定。测量时首先要对病兽进行保定。毛丝鼠可行徒手保定,1个人即可操作;水貂、貉、银黑狐、北极狐、海狸鼠等测温,最好先用器械保定,在助手协助下进行。母兽有直肠炎时,也可测阴道温度。测量体温的次数和时间,应根据疾病的性质和实际需要而定,一般每日定时测1～3次,少者可隔日测1次,必要时3～4小时测1次。

各种毛皮兽都有一定的体温值,称作正常温值或生理体温(有一个变动范围),通常使用摄氏度(℃)。各种毛皮兽的正常体温见表1。

表1 毛皮兽的正常体温 （℃）

兽　别	体　温	兽　别	体　温
水　貂	40(37.5～41)	海狸鼠	39.2(35～40)
貉	39.5(37.8～41)	麝　鼠	37(35～39)
银黑狐	39(38～40)	毛丝鼠	36.5(36.1～37.8)
北极狐	39(38.7～40)	家　兔	39(38.5～39.5)

　　毛皮兽的体温变动较大,以在安静的情况下进行体温测量为好。

　　按兽体发热的程度不同,一般分为微热(较正常体温增高1℃)、中热(较正常体温增高2℃)和高热(较正常体温增高3℃以上)三种。在病兽发热期间,还伴随出现一些症状叫做热症,如精神委顿、鼻镜干燥、被毛卷曲、食欲减退或拒食、呼吸和脉搏频数等。

　　根据每昼夜体温之差以及发热持续时间的长短,又可分为以下几种热型。

　　①稽留热:持续高热,每日温差不超过1℃,流行性感冒、大叶性肺炎时出现。

　　②弛张热:1昼夜温差超过1℃以上,但不降至常温。这种热型见于败血症及小叶性肺炎等。

　　③间歇热:热呈间歇性发作,即有热期和无热期交替出现,最低温度在正常温度范围或以下,有热期短,无热期不定,有热期每天1次或隔两天1次,或间歇期更长。

　　④回归热:高热持续几天后,有一定时间的无热期,以后又出现持续几天的高热,也就是反复发作的热型。

　　⑤息痨热:每昼夜体温变化达2℃以上的称息痨热,也叫消耗热。患败血症、脓毒败血症、转移性支气管肺炎时出现。

⑥不定型热：每昼夜体温变化不规律，称不定型热。

⑦低下温：体温低于正常体温，也叫体温过低。传染性脑脊髓炎、饲料中毒、大失血、重度贫血和维生素A缺乏症等出现低下温。

2. 系统检查　系统检查包括消化、呼吸、循环、泌尿和神经五个系统。每个系统都要按解剖顺序检查，以免影响诊断结果。初检判断疾病性质后，复诊时即可重点检查。

(1)消化系统检查　人工饲养的毛皮兽，不论成年兽还是幼年兽，消化系统疾病的发生率和死亡率都比较高。所以该系统一般是临床检查的重点。

①食欲和饮水的观察：通过观察，查出影响食欲的原因。影响食欲的因素很多，如饲料的种类、质量、胃空虚和饱满程度、饲料种类变化等。

另外，气温变化和兽群的精神状态，也会影响食欲。而影响食欲的主要因素是疾病。要观察其采食的速度、数量和时间的长短等，进行综合判定。病兽食欲状况可区分为亢进、废绝、减退和异食癖等。一些急性热性传染病高热期可引起食欲废绝，感冒、消化不良等常常使食欲减退，消化系统寄生虫病等可导致食欲亢进，重病恢复期或饲料中缺乏盐、钙、磷、维生素及钴等会引起异食癖。

在观察食欲时，要特别注意咀嚼、吞咽及呕吐情况。口腔、牙齿和舌有疾病时，虽有食欲，但采食、咀嚼发生困难；咽头和食管有病时，会引起吞咽障碍；中毒性疾病常出现呕吐。

饮水变化在疾病诊断上很有价值。如水貂阿留申病，会出现暴饮现象，下痢、大叶性肺炎、脑膜炎病兽虽不吃食，但渴欲增强。

②口腔检查：检查时要先将病兽保定好。注意唇、颊及口

的闭合情况,检查口腔内温度、湿度、气味、粘膜色彩以及舌和牙齿的变化情况。

③腹部检查:主要是视诊和触诊,必要时进行腹腔穿刺检查。腹部视诊要察看腹围大小的变化。妊娠、积食、臌气、腹腔积液时腹围增大,饲喂量不足、长期下痢、患阿留申病时腹围缩小。

有的毛皮兽体型小,往往通过触诊可以查出胃肠内异物、肠梗阻部位、肠套叠以及胃肠、腹壁疼痛等。腹部触诊可用两手分别置于病兽两侧肋骨与后方,由前向后逐步移动,使内脏滑过手指端,必要时可把病兽前后体躯轮流抬高,反复检查。这样,即可触及腹腔脏器。如腹壁紧张时,可待安静腹肌松弛后再行检查。

④粪便性状观察:笼养的毛皮兽其正常粪的性状有一定特点。水貂、黑貂、银黑狐和北极狐的粪便呈长条状,前端钝圆,后端稍尖,表面滑润,呈灰褐色;毛丝鼠粪便呈短棒状,呈深黑色。

消化系统及消化系统有关部位发生疾病时,粪便的数量、硬度、颜色、气味等都会发生不同程度的变化,详细观察这些变化,对疾病诊断是有帮助的。患消化不良或胃肠炎时,粪便变稀,数量增多;发生肠梗阻时,不排便或排干硬粪便;水貂得了黄脂肪病时,粪便呈粘稠煤焦油状;患出血性肠炎时粪便带血;水貂患病毒性肠炎时,排出粘液管套,为示病症状;卡他性胃肠炎,常因细菌和腐败分解产物能刺激胃肠道,使粪便变稀,并带有未完全消化的饲料块和脱落的肠粘膜上皮,严重者混有血液,气味恶臭。

(2)呼吸系统检查 毛皮兽易患呼吸系统疾病,有的传染性疾病其症状也表现在呼吸系统上。该系统的检查主要用视诊、触诊、叩诊和听诊。X线检查在胸部疾病诊断时,也较为常用。

①呼吸动作检查:毛皮兽呼吸时,胸廓、腹壁、鼻翼出现有节律的运动,称之为呼吸动作。观察时要注意如下五个方面:一是呼吸次数。计算呼吸数要注意生理因素和外界的影响。毛皮兽的呼吸数检查,主要是观察胸廓和腹壁运动,冬季也可以观察呼出的气流。不宜在捕捉后检查呼吸数。呼吸数一般计算1分钟,而不用平均数。各种成年毛皮兽正常的呼吸数每分钟为:水貂40~60次,银黑狐14~30次,北极狐18~48次,貉70~150次,麝鼠70~247次,家兔50~60次,海狸鼠50~112次,呼吸次数超过上述范围时,可以认为是呼吸数不正常。呼吸减慢,见于脑病,使呼吸中枢受抑制;呼吸增加,常见于肺、心和胸膜疾病及热性疾病。二是呼吸节律。看呼吸是否有规律。三是呼吸方式。看胸式呼吸抑或腹式呼吸。四是呼吸对称性。正常呼吸,胸廓运动是对称的。五是呼吸困难。有些疾病会使呼吸次数、呼吸节律和呼吸方式都发生不同程度的改变,表现为呼吸困难。呼吸困难可分为吸气性呼吸困难、呼气性呼吸困难和混合性呼吸困难三种。引起上呼吸道狭窄的疾病如慢性鼻炎、咽炎、喉水肿及气管异物梗阻等,出现吸气性呼吸困难,表现为犬坐姿势,张口喘气,有时呈现唇呼吸(口闭合使气体由口角流入),显得颊部陷入;肺泡气肿、支气管肺炎、肺炎和胸膜炎,常出现呼气性呼吸困难,表现为腹肌收缩,在呼气时沿肋骨和肋软骨联合处,形成一条明显的下陷线,脊背弓曲,肛门外突;有些热性传染病如急性及慢性心内膜炎、肺炎、胃肠臌胀等,吸气和呼气都发生困难。

②上部呼吸道检查:胸肺部检查按家畜检查方式进行。

(3)循环系统检查　有心脏检查和脉搏检查等。

①心脏检查：用触诊、叩诊和听诊来进行检查。

②脉搏检查：检查脉搏可以了解心脏活动和血液循环状态。毛皮兽触诊检查，在胸廓前侧下接近肘关节处触摸肋骨内侧动脉，或检查股动脉。检查脉搏数最好查2～3分钟求每分钟的平均值。脉搏数因动物的性别、年龄、精神状态等不同而有差别。惊恐时脉搏增数，公、母兽和成、幼兽都有差别。各种毛皮兽安静时每分钟脉搏数见表2。

表2　毛皮兽的正常脉搏数　　（次/分）

兽　别	脉搏数	兽　别	脉搏数
水　貂	90～180	黑　貂	80～127
银黑狐	80～140	海狸鼠	41～97
北极狐	90～130	麝　鼠	58～97
貉	26～40	家　兔	120～140

脉搏数超出正常范围时，可能与疾病有关。脉搏增数见于热性病、心力衰竭；脉搏减少常见于中毒、脑水肿和脑肿瘤等。

（4）泌尿系统检查　泌尿系统是机体的主要排泄器官，其中肾脏是最重要的器官。该系统不仅反映本系统的状态，还能反映机体的新陈代谢情况。

重点观察排尿动作和次数。笼养的毛皮兽多半在笼内一定位置排粪尿。排尿动作异常大多与泌尿系统的疾病有关。如排尿努责、不安、后肢及腹部靠在笼网上，是排尿疼痛表现，多为膀胱炎、尿道结石和包皮炎；不自主地经常或周期性排出少量尿液，是排尿失禁的表现，多见于神经性犬瘟热和尿结石；尿量减少见于急性肾炎或膀胱麻痹；完全不排尿或尿液淋漓滴下，见于尿路结石；不随意排尿，见于膀胱括约肌麻痹或腹部脊髓损伤;排尿次数减少,见于急性肾炎、呕吐和下痢等。

(5)神经系统检查

①神经状态检查:主要是检查神经兴奋和神经抑制状况。神经兴奋,表现狂躁不安,病兽沿笼边跑动。自咬症发作时,出现打转、翻转等异常动作;脑炎初期或神经型犬瘟热,常表现惊恐、尖叫。神经抑制,病兽垂头呆立或卧于笼内一隅,对周围刺激反应迟钝,严重者嗜睡、昏迷,多见于脑部损伤和疾病的危重期。

②运动检查:包括检查肌肉的紧张状态、运动协调性和运动麻痹等。运动失调是中枢神经系统和运动神经功能障碍的表现;末梢运动神经元和脊髓背侧根的损伤及小脑疾患,常出现肌肉张力过低、关节肌肉松弛,患肢拖于后方;中枢运动神经元和锥体囊患病时,出现肌肉紧张性增强,肌肉紧张、变硬,腹部肌肉尤其明显。运动协调失调,在静止时失调常表现为头、躯干和尾部摇晃,四肢发软,关节屈曲,严重者四肢分开,不能保持平衡,倒向一侧,或腹着地,或后坐,或前翻,运动时后躯跟跄,躯体摇晃,后肢放置极不对称。

末梢运动麻痹表现为肌肉紧张力减退和萎缩,机体失去随意运动的能力;运动时病肢拖在地上,常见于三叉神经、坐骨神经、股神经及桡神经麻痹。中枢性麻痹表现腱反射亢进、肌肉紧张性增强,出现痉挛,常见于狂犬病、犬瘟热、伪狂犬病、脑脊髓炎等。另外,中毒性疾病和一些寄生虫病,也常出现中枢性麻痹。

③感觉检查:浅部感觉的减退或消失,多见于周围神经受压迫、脊髓神经横断和脑病;深部感觉(肌肉、骨、腱及关节等)发生障碍时,病兽体位感觉紊乱,形成不自然姿势,如两前肢叉开,不知自行纠正,多见于脑水肿、脑炎、严重肝病和中毒

等。

四、毛皮兽的捕捉与保定

不论是对毛皮兽作临床检查还是治疗、打防疫针,都需要捕捉和保定。此项操作对不同的动物应有不同的方法。

1. 狐、貉的捕捉和保定

(1)用网兜捕捉和保定 1人用网兜迅速将动物兜住,反压在地上。另1人戴棉手套,紧紧地压住动物的颈部(隔着网兜),另1只手沿网口从后向前沿咽喉方向伸入网兜内,按住其下颌,将网兜拿开,就可以测量体重,做诊断检查和治疗了。如果这样还感觉不方便,保定者可用左臂将动物体躯夹住,迅速将其提起,正位固定于台上,以供检查或治疗。

(2)直接捕捉及保定 此法适用于性情较温顺的母兽和幼兽及个别的公兽,操作人员要求技术熟练,动作敏捷,最好1只手戴上棉手套,以防被咬伤,捕捉、保定方法和顺序同上法。

(3)用管道捕捉 对怀孕的母兽较适用,较安全。将动物赶至小室中,将靠近笼舍远端的管道门插板关上。再将动物从小室中赶入管道内,立即将入口的插板关上,再把管道盖打开,先用戴棉手套的手(从后向前轻轻地)按住动物颈部,另1只手按住下颌提起(注意不要挟得太紧,以防拧死),另1人可以将后肢及尾抓住,正位保定于台上(呈犬坐姿势)。

(4)串笼箱捕捉 最方便是利用串笼箱将管道口套住,再将动物从小室中赶入串笼箱中,迅速将箱上的插板关上,送到指定地点检查。也可以先用上法捕住后放入串笼箱中。

此外,还有用叉子、钳子捕捉和保定的,以保定好为原则。

2. 貂的捕捉和保定 有直接捕捉保定法和串笼内捕捉

法。

（1）直接捕捉保定法　将水貂赶至小室内关上插板,把小室上盖打开,用戴棉手套的手捕捉,扼住颈部,另1只手捉尾巴,提出放在台上,按要求进行保定。

（2）串笼箱内捕捉法　将串笼箱一端门打开,开口紧靠小室洞口,将貂从小室内赶入串笼箱中,迅速关上插板。从箱内抓兽时,要求捕捉者双手戴棉手套,1手伸入箱内抓捕,如果抓不出来时,要用另1只手从另一侧伸入捕捉。捕捉时抓住颈胸、后躯及尾根部均可。

3. **海狸鼠的保定**　海狸鼠在运动场、小室内均可捕捉,最好还是在小室内捕捉。操作时左手拿1根木棒挡住海狸鼠的头部,转移其视线,右手迅速地抓住尾巴,移向尾根部握住,再将两后腿一并握住,慢慢地提起,再用左手托住下腹部。捕捉时不应追赶、惊吓。

4. **仔兽的捕捉**　捕捉仔兽应将母兽赶出小室,防止母兽争夺,把仔兽咬伤。能咬人的毛皮兽,捕捉后可将嘴用绷带或绳子缠起来,也可先让它衔一根木杆,再进行捆绑。

第三章　毛皮兽疾病的治疗与消毒

一、治疗的基本原则

防治毛皮兽疾病,除采取预防性措施外,及时而正确地进行治疗同样具有重要的意义。动物疾病的治疗,不能只针对病原和病症,还必须考虑机体自身的情况,实施合理治疗,正确把握整体与局部的关系。

1. **生理性治疗原则** 治疗病兽必须考虑其本身的承受能力及当时疾病的状态。毛皮兽对各种疾病的易感性是不同的，一些传染病流行时，兽群中个体之间病情轻重也不同，有的还未被感染，即在兽群中存在着抗感染能力的差异。机体有各种各样的保护能力，受到侵害时，会产生保护性反应。如白细胞及其他组织细胞的吞噬能力、再生功能、免疫功能、使毒物从体内迅速排出体外的功能、包囊形成及其机化和吸收的功能等，这些是使病兽恢复健康的基本条件。机体反应性的强弱，与神经系统状态、年龄、性别、饲养管理条件、季节、内分泌系统及其他器官的活动功能和个体特性等情况有关。因此，治疗病兽时，要善于利用这些保护反应，而决不能妨碍和削弱这些反应，为病兽恢复健康创造良好的条件，以达到生理治疗的目的。治疗的同时还应进行专门喂养和护理。

2. **主动性治疗原则** 动物虽有许多保护能力，但也不能代替积极和主动的治疗。应该积极关注病程的发展，以迅速恢复病兽的健康。疾病是发展变化的，可能好转也可能恶化，比较难治的疾病，通过积极主动的治疗，有的也治愈了。

因此，应该做到早期发现病兽，及时诊断，迅速治疗，但要注意，只有在提高生理调节功能的基础上积极治疗，才是有用的，也就是说积极治疗应该以生理性治疗为基础。

3. **综合性治疗原则** 要在机体完整性和机体与外界环境统一的基础上进行治疗。因为治疗全身性疾病，不能只在某一部位，或只靠某一种药物或一种治疗手段，应采取综合的治疗方法。其中也包括外界条件对机体的影响。因此，要首先查明病因，消除病原，给病兽建立良好的外界环境条件（改善饲养管理，加强护理），并注意机体的反应性和病因疗法将给病兽的积极影响，针对不同情况采取相应措施。

4. 个体治疗原则　同一疾病发生于不同动物个体,表现可能很不一致,也可能需要不同的治疗方法。因此,治疗病兽时,必须考虑到病兽具体的生活环境条件、种类、年龄及其他特点。

二、毛皮兽疾病的治疗方法

1. 病原疗法与病因疗法

(1)病原疗法　针对引起疾病的病原因素治疗的方法,如传染病的病原有病菌、病毒或寄生虫。针对这些病原需采用相应的免疫血清、抗生素或化学制剂等进行治疗。

在最初引起疾病的病因若为机械创伤、感冒或饲养方面的原因,则应该病原疗法和病因疗法合并使用。

(2)病因疗法　也叫做发病机制疗法,是针对疾病的发生机制而采取的治疗方法,目的是促进器官和组织的功能障碍恢复,使病兽迅速痊愈。病原疗法同时也包括病因疗法在内,病因疗法也可促进致病因素的消除,两者是紧密相关的。按照疾病的特点,正确地选择治疗方法,是一项复杂的判断过程。

(3)替代疗法　此法有时可起病原疗法作用,有时起病因疗法的作用。如发生维生素缺乏症时,替代疗法起病原疗法作用,而当内分泌功能减退时,用激素疗法则起病因疗法的作用。

2. 食饵疗法(也称治疗性喂养)　是以治疗为目的,选择适当的饲料,供给病兽特别营养,制订合理的饲养标准和饲养制度。应保证机体生命活动、生长发育以及实现一切生产效能的营养需要。严重营养不良,并伴随病理过程发展时,机体内脂肪和糖类储备大量消耗,发生物质代谢紊乱,此时营养更具有特殊意义,特别是笼养的毛皮兽,其一切营养来源都控制在

人的手中,食饵疗法就显得更为重要了。

实施治疗性喂养应注意以下几点。

(1)供给充足的维生素 为满足病兽最大的营养需要和补充因疾病而消耗的营养物质,除供给充足的能量营养外,必需注意维生素及无机盐类的补充。

(2)供给营养丰富,适口性好的饲料 应选择容易消化以及在营养方面和味道方面都较好的饲料,主要选择病兽喜好的饲料。

(3)供给病兽特需的营养饲料 病兽喂养应当符合其营养需要的特点。

(4)实行适合病兽特点的饲养制度 根据病情可以实施饥饿疗法和半饥饿疗法。当转为正常饲养时,应该认真考虑个体情况与疾病特点,一定要严格遵守饲喂时间。

饲喂量除考虑病兽的需要外,还须估计到肾和肝脏的功能状态。当肾、肝功能发生紊乱时,必须限喂能使病理过程加剧的食物。肾炎应限制食盐的供应,减少饮水;发生肝炎时糖类饲料有良好的作用,可多喂,应尽量减少脂肪和蛋白质的供给量。肝、肾同时患病时,可给予乳类、糖类、蔬菜类的混合饲料。现简要介绍病兽常用的营养性饲料配制方法,供参考。

①人工初乳:初乳为动物不可缺少的自然营养饲料,对初生仔兽患消化不良、肺炎及营养不良的,有良好的作用。没有初乳时可用人工配合初乳代替。

调制人工初乳可取新鲜牛奶1 000毫升,加入10～15克鱼肝油,10克氯化钠,打入3～5个新鲜鸡蛋,搅拌均匀,即可饲喂。

②人工乳:母乳不足或仔兽患消化不良时,可饲喂人工乳。取鲜牛奶1 000毫升,凉开水250毫升,鸡蛋1个,糖15

克,鱼肝油 5 克,1‰硫酸亚铁溶液 10 毫升,盐酸金霉素 0.1 克或青霉素 2 000 单位,搅拌均匀即成人工乳。只限于饲喂仔兽,超过 30 日龄的,可用牛乳代替。人工乳中不加抗生素亦可。

③蛋蜜混合物:用新鲜鸡蛋 1 个,蜂蜜 40 克,氯化钠 4 克,加温开水 200 毫升,温度与体温相同,搅拌均匀即可使用。这种混合物可以作为代乳饲喂仔兽。蜂蜜亦可用糖代替。

④嗜酸菌乳:毛皮兽消化功能紊乱,或患副伤寒、大肠杆菌病时,嗜酸菌乳有预防和治疗作用。制法是把新鲜牛乳加热至 75～80℃持续 30 分钟,迅速冷却到 45～42℃,然后加入嗜酸菌酵母,再置于黑暗处,经 5～6 小时,即可制成。该乳有适口的弱酸性味道,仔兽可按每次每千克体重喂 10 毫升来计算喂量,每天喂 2～3 次。一般在喂饲前 1～2 小时喂给。

三、毛皮兽治疗的给药方法

为使药物在动物机体内产生最佳疗效,可以利用各种途径把药物送入机体内。给药方法不同,药物作用快慢及效果也不同。药物的使用方法,应该根据其性质和应用时间的要求、奏效速度等来确定。常用的给药方法有以下几种。

1. **内服法**　为最常用的给药法。其优点是简便而安全,是机体正常摄取营养的途径,可以使用多种剂型。缺点是药物常被胃肠内容物稀释,有的会被消化液所破坏,而且吸收缓慢,吸收后需经过肝脏处理,因此难以准确估计药物发生效力的时间和用量。大多数药物在十二指肠被吸收,药物的酒精溶液在胃内即能被吸收。适于口服的剂型有散剂、溶液剂、舔剂、丸剂、胶囊剂等。散剂可混在饲料内让病兽自行采食,或配成悬液剂经口用瓶灌服或用胃管投服;舔剂可用舔剂板涂布于舌根处;丸剂和胶囊剂可用镊子或特制的投药器投送于舌根,使其咽下。口腔投入液体药物时要注意,不要投到气管内,以免引起异物性肺炎。

狐和水貂投药时,如果病兽有食欲,要尽可能地将药物混在饲料中投给。有不良气味的药物要用肠衣或肉膜包好喂给。病兽食欲不振或食欲废绝时,可用胃管投予。胃管投药时,先把正中有一小圆孔的小木板让病兽咬住、木板两端用绳子从耳后固定好。以人用导尿管作胃管,涂上润滑剂(最好是液体石蜡)后轻轻插入食管内,如果要洗胃,再深插至胃内。胃管插入后,用注射器或带玻璃嘴的人用灌肠器试吸数次。如果误插入气管内,胃管中可抽出气体,如果胃管正好插入食管内,注射器内有很大的负压,抽吸比较困难。断定胃管确实插入食管后,便可将药液徐徐注入胃内。药液注完后用清水冲洗胃管,然后将胃管取出来。

投喂丸剂时,经开口后,用长把麦粒钳子把药丸送入病兽口腔深处。水貂投粉剂时,可将药粉混在蜂蜜里,用药匙涂于口腔内,让其自行舔服。

海狸鼠投药时,可用中间有孔的开口器开口,胃管经开口器孔插入食管,进行投药,或用麦粒钳子夹着药丸或胶囊投入口腔深处。

2. **注射法** 为使药物迅速生效有的药物可实行注射给药。常用的注射法有皮下注射、肌内注射、静脉注射、气管内注射以及脊髓腔内注射、腹腔内注射、皮内注射等。

(1)皮下注射与肌内注射 此法比较简单,方便,奏效确实,在临床治疗上应用广泛。皮下注射只能用透明的、无刺激性药液,注射部位可选择皮肤松弛、皮下组织丰富,且无大血管之处,狐、水貂多在肩胛边缘及大腿内侧,海狸鼠可在大腿内侧,幼兽在脊背上。毛皮兽注射时不必剪毛,用70％酒精充分消毒术部即可注射。机体吸收药物的速度肌内注射快于皮下注射。不能用于皮下注射的、刺激性较强的药物及油悬液,可作肌内注射。狐、貂、海狸鼠肌内注射可在臂部、大腿内侧及外侧肌肉较厚处进行。

(2)静脉注射 把药液注到静脉内,药效迅速而确实。刺激性较强的药物也可静脉注射。静脉注射必须严格消毒,注药速度要慢,注射器内不允许有气泡,药液不得有沉淀物、浑浊物。注入较大量的药液时,药液温度应接近于体温。狐静脉注射可选用后大腿表露的静脉。兔等可行耳静脉注射。

(3)气管内注射 少量带挥发性的药液可经气管软骨环注入气管内。也用于麻醉给药。

3. 直肠内给药 将药物经肛门灌入直肠内,对全身或局部发挥作用。临床常作下泻灌肠、营养灌肠及麻醉灌肠等。优点是药物不被消化酶破坏,并避免吸收后受肝脏的破坏。不溶性药物不能用来灌肠。直肠给药一般用液体剂型,也有用栓剂的。如果是为了让药物在直肠内被吸收,如营养灌肠,则药的体积不要过大,小动物的药液量以 0.25～2 玻璃杯为宜。药液温度应接近于体温。药液不得有刺激性。以下泻为目的时药液体积可以大些,小动物的药量以 1～4 玻璃杯为宜,可加入肥皂、硫酸钠及甘油等,以促进排便。给药方法很简单,小动物用导尿管加 1 个注射器即可。

4. 吸入法 将挥发性药物或药物蒸气由呼吸道吸入体内,在全身麻醉或呼吸道疾病时使用。

5. 洗涤法 将药物配制成溶液,对患部进行洗涤。多用于皮肤、粘膜及口腔、阴道、创面等的治疗。

6. 涂擦法 将药物涂布或涂擦在皮肤上,使药物通过表皮进入组织深层而产生药效。涂擦一般多用脂溶性药物,如软膏、流膏等。

此外,还有撒布、点眼、滴鼻和骨内注射等给药方法。

四、消毒方法

把病原微生物杀死或者使之停止繁殖的方法,叫做消毒。消毒在疾病防治过程中占有重要地位,是预防措施的重要一环。但在消毒的同时必须配合其他防疫卫生措施,才有确切的效果,单靠消毒是不能从根本上制止疫病的蔓延。消毒的目的是消灭病原体,而绝不是消灭所有的微生物。消毒方法主要有三种。

1. 物理消毒法 物理消毒的方法有日光直射、干燥、火焰、干热、煮沸、热蒸气等。

(1)日光直射 具有杀菌作用,强光照射下炭疽芽胞 2～5 天、巴氏杆菌数分钟、钩端螺旋体 0.5～2 小时、土拉伦斯杆菌 30 分钟即可被杀死。流行性脑脊髓炎病毒在直射阳光下 25℃时经 30 分钟即可被杀死。

(2)干燥 对很多病原微生物有致死作用。干燥 2～3 天巴氏杆菌就会死亡,干燥 15 天可使狂犬病病毒变为无毒。细菌芽胞可耐过很长时间的干燥,对细菌芽胞不宜采用干燥消毒法。若在干燥的同时又有日光照射,可获得较好的消毒效果。

(3)火焰 是很好的消毒方法。常用喷灯作金属笼网的消毒,也可用于铁锹、铁篦子、铁碗的消毒。在火焰作用下器物表面产生高热,迅速将病原微生物消灭。另外,用火焰烧毁粪便和其他病兽排泄物、污染的管理用具以及病兽尸体,是经常采用的消毒处理方法。也有用热熨斗熨烫消毒的。

（4）干热　通常所需的温度为 150～160℃，经过 1～2 小时可杀死细菌。多用于玻璃器材及不锈钢制品消毒。未镀镍的金属器材一般使用干燥灭菌器消毒。

（5）煮沸　沸水温度为 100℃，可以杀死大部分病原微生物。为了增强煮沸消毒的功效，常在水中加入一些碱类，如肥皂、5％碳酸氢钠、1％～2％碳酸钠或 0.5％碳酸钾等，主要用于衣服、污染敷料等的消毒。对附有血液、脓汁和排泄物的棉布材料进行煮沸消毒时，事先应放在生石灰水或碳酸钠水溶液中浸泡 2 小时，然后将该溶液煮沸。杀死营养型细菌，用 60～80℃热水，浸泡 30 分钟即可达到目的。

（6）蒸气　用 100℃或更高温度的水蒸气可杀死病原微生物，是常用的消毒方法之一。蒸气能渗透到被消毒物品的深部，消毒效果较好。蒸气消毒，一般用特制的高压蒸气消毒器。

2．化学消毒法　是使用化学药剂杀灭病原微生物的方法。消毒剂的种类很多，可供在不同环境、不同条件下针对不同消毒对象的特点而选择使用。使用方式一般为水溶液浸泡、喷洒和擦拭，也可用气体熏蒸或用粉剂。化学消毒的方法多种多样，利于对不同消毒对象的处理。现将养兽场常用的化学消毒剂介绍如下。

（1）碳酸钠、碳酸钾　均系碱性物质。易溶于水。其消毒能力较低，常与其他消毒剂混合使用，可作为难溶于水的消毒剂的溶媒。其水溶液用于各种物品的煮沸消毒，高温溶液可用于木制品和金属制品的清洗。

（2）漂白粉　含 25％的活性氯，有较强的杀菌力。漂白粉为白色粉末，有氯的强烈气味。须在密闭的容器中存放于干燥黑暗的房间内贮存。使用时调制成 10％～20％的溶液。适用于土地、笼舍地板、粪便、排水管道、墙壁消毒。

（3）高锰酸钾　为暗紫色,有金属光泽的结晶体,易溶于水,为强氧化剂。若消毒对象混有蛋白质或其他有机物时会减弱其杀菌力。可用 0.5%～4% 浓度消毒饲具、切肉台等。

（4）消石灰　也叫熟石灰〔$Ca(OH)_2$〕,具有较强的消毒作用,但不能杀灭细菌芽胞。石灰主要用于笼舍、墙壁、饲料调配室及其他地面消毒。石灰价格低廉,来源充足,在养兽场中广泛使用。

（5）苛性钠　为强力消毒剂。主要用于病毒性传染病的消毒,如狐流行性脑脊髓炎等常用 1%－2% 的水溶液。以 1% 苛性钠溶液中添加 6%～10% 食盐,可以增高其消毒力。使用热苛性钠溶液消毒笼舍时,有时积聚大量氨气（NH_3）,会使动物受害,因此,在消毒后,笼舍及小室应彻底通风换气。

（6）新洁尔灭（苯扎溴铵）　为表面活性消毒剂。有胶体原液及溶液（2%,5%,10%）两种。对细菌（包括芽胞型）和真菌的杀菌率较高。多用于手、皮肤、外科器具（浸泡 30 分钟）消毒。器械、设备用溶液擦拭,0.001%～0.02% 新洁尔灭用于冲洗粘膜和涂布感染伤。使用时不能接触肥皂、合成洗涤剂及盐类,不宜用于眼科器械消毒,溶液最好用 1～2 周内新配制的。

另外,还可用 2%～5% 的克辽林、来苏儿、石炭酸等进行消毒,可根据情况选择使用。

3. 生物学消毒法　利用发酵过程来进行消毒。常用于粪便消毒。这种消毒在草食动物中最常用。温度一般可高达 75℃。在此温度内经过 10～15 天,便能杀灭病原体。

第四章　毛皮兽传染病的防治

一、犬　瘟　热

犬瘟热是肉食兽(犬科和鼬科动物)中高度传染的急性地方性流行病。本病主要以发热，呼吸道、消化道粘膜发炎，并伴有神经症状和皮肤病变为特征。本病对肉食兽，如犬、狐、貉及水貂等危害极大，是我国毛皮兽饲养业中传染性和破坏性最大的疾病。即使病兽耐过，也将造成大量空怀、流产、胎儿吸收以及发育不良等无形损害。

【病原特性】　1905 年由法国学者证明犬瘟热的病原体为滤过性病毒，并且有许多人证明，由不同地区、不同动物和不同临床病型分离出来的病毒，都有同一免疫类型。我们对不同动物和不同地区的病料通过免疫荧光抗体和免疫酶标试验检查，也证实了这一观点。

本病病毒在病毒分类中属于副粘液病毒属，与人类麻疹病毒和牛瘟病毒、小白鼠肺炎病毒有类属关系，有共同抗原族。

犬瘟热病毒的核酸类型是核糖核酸(RNA)，对乙醚有敏感性，经超滤实验证明，病毒颗粒直径为 115～160 纳米。用电子显微镜观察，大多数学者认为病毒颗粒直径在 150～300 纳米范围内，中心直径为 15～17 纳米，多为球形，一部分为多形性。核衣壳为螺旋对称，周围见有 5 纳米厚的囊膜，另有 1 纳米的刺突。根据我们对水貂犬瘟热弱毒电子显微镜观察，在鸡胚组织培养的感染细胞中见到大小不等的、多形态的、内含螺旋状构造的病毒颗粒,大小为 100～300 纳米,大多数为 150 纳米左右。

该病毒对低温干燥有较强的抵抗力,在－70℃或冻干状态下保存,毒力可保持 2 年以上。在－10～－14℃下能保持半年到 1 年,用甘油盐水保存病料,放在 0～4℃冰箱内,毒力可保持 3 个月,在室温下 7～8 天迅速失去活性,55℃只能保持毒力 1 小时,60℃半小时失去毒力,煮沸 1 分钟,即可杀死病毒。该病毒在干燥组织中能保持毒力达 4 个月,在排泄物中仅能保存数天,鼻汁中可存活 51 天。

大多数消毒药能在较短的时间内杀死犬瘟热病毒。1％福尔马林溶液和 5％石炭酸溶液能迅速使之死亡,3％苛性钠溶液可立即杀死病毒,2％苛性钠溶液中 30 分钟失去活性,1％来苏儿中经数小时使之无害,在 pH 值 4.4～10 的条件下存活 24 小时。犬瘟热亲多种组织,而主要寄生于呼吸系统,在正常情况下,病兽的肝、脾、鼻粘膜及脑组织中存在较多病毒。在整个病程中血液均含有病毒。本病毒在眼结膜、鼻粘膜、气管及支气管粘膜、肺泡粘膜、膀胱及尿道粘膜等的上皮细胞、血管内皮细胞和足垫上皮细胞中繁殖。病兽体内的病毒可随眼结膜、鼻粘膜分泌物以及唾液、粪、尿等排出体外。有人证明,水貂在感染后第五天,鼻排泄物就含有病毒。在病兽的实质脏器及各种体液中均可找到病毒。我们应用荧光抗体法检查,人工感染病死貉的肩前、鼠蹊(腹股沟)、肝、脾门和肠系膜的淋巴结和肝、脾、肾等的实质脏器,均能检查出特异荧光细胞,以肠系膜淋巴结和脾脏为明显。病兽尿中可长期保存和排出病毒,可成为本病重要的传染来源。

犬瘟热病毒能在发育 6～7 日龄鸡胚绒毛尿囊膜上生长发育,一般接种 48 小时发生水肿,72 小时出现灰色或红白色斑点,96小时变为不透明的厚层,水肿明显。病毒量在接种后7天最高。文献记载,用鸡胚接种可分离培养本病毒。据我们试验观察,鸡胚绒毛尿囊膜的培养,如对自然病例,必须连续盲传数代后才逐渐看出病变,且不易观察。近年来,组织培养技术发展迅速,有人用狗肾细胞从自然病例中分离出病毒,其细胞致病作用为形成多核巨细胞,并有包涵体,以及形成星芒状细胞。而鸡胚驯化的弱毒,在鸡胚细胞培养上多不形成包涵体,可引起细胞粗大、颗粒状和破碎感,也有在形成星芒状细胞后变圆脱落的。近年来,一些国家利用鸡胚组织培养,驯化弱毒并制成活苗,广泛应用于生产上。

根据我们观察,本弱毒培养到鸡胚组织细胞以后,3～4天出现细胞肥大,有的形成带有长纤维的星芒状细胞、巨核细胞,也有的细胞呈现破碎状,然后形成网眼,变圆脱落。我们曾用鸡胚组织培养分离自然野毒,连续通过数代也没出现细胞致病作用。在乳鼠脑内接种,连续盲传数代,也不感染。而鸡胚组织培养驯化弱毒,作1～3天龄乳鼠脑内接种后,经4～5天乳鼠出现神经症状,并多数衰弱死亡。

【流行特点】 犬瘟热的传染源是病兽和6月龄以内的耐过病兽。病毒随鼻汁、唾液、眼分泌物、血液和粪便排出体外,污染环境,特别是病兽的尸体保有大量病毒,是危险的传染源。

1. **传染方式** 在自然环境下,主要是飞沫传染。当病兽咳嗽时,带毒的鼻汁和唾沫飞溅扩散到周围,借风力可扩散到15米以外的地方。与病兽直接接触,或通过污染了的饲料、用具以及饲养人员的衣服、手套等均可引起传播。野狗和黄鼬是带入传染原的重要媒介。在兽场中,由于动物逃跑、更换笼舍、配种期广泛接触、不遵守防疫卫生制度,均能造成病毒的散播。兽场中饲养的鸡和老鼠也能传播本病。不同年龄的动物均能感染本病，断奶 3 个月左右的幼兽对本病特别敏感。感染后症状典型，死亡率高。哺乳幼兽几乎不感染。这是由于从母乳中获得被动抗体的缘故。

2. **流行季节**　本病一年四季均可发生，一般 5～9 月份流行较少，从 12 月份到翌年 1 月份流行较多。一般认为这可能与气候干燥和烟雾等（所谓"冬季因素"）损害了气管粘膜有关。

3. **感染谱**　犬科动物中狗、貉、银黑狐、狐、北极狐、狼等，鼬科动物中水貂、鼬鼠、雪貂、黑貂、黄鼬、艾虎、獾，以及部分浣熊科动物如浣熊、小熊猫，猫熊科动物熊猫等，都能感染本病。实验证明，雪貂对本病最为敏感，有 90％感染率，100％死亡率，是良好的实验动物。各种动物之间可以互相传染，有时只在一种动物间暴发流行，其他动物不见发病。有人认为，是病毒发生了变异，以致仅使一种动物具有敏感性。如病毒通过狗连续传代，则对狗的毒力增强，对鼬科动物的毒力降低；反过来也如此。因此倘若传染来源是水貂，感染水貂后的潜伏期流行就短，一般 1 个月即可引起广泛流行，而且出现典型症状，死亡率高，貉也如此。反之，如传染源是狗、狐、貉等，患犬瘟热病的潜伏期一般较长，往往经过 3～4 个月，疾病流行缓慢，表现的症状也不够典型，或呈隐性经过。但经过连续传播后，病毒增强了毒力，从而引起大流行。

本病的流行形式，还取决于饲养管理条件及动物的抵抗力。一般所说的"猫瘟"，在病原上是与本病完全不同的疾病，不要混淆。狗、貉对猫瘟病毒不敏感，人类对犬瘟热病毒不敏感。

【临床症状】　实验感染犬瘟热的潜伏期犬为 2～7 天，貉为 8～10 天,水貂在 10 天以上。自然感染的潜伏期多为 1～5周,个别病例可达 3 个月。犬瘟热的临床症状颇不一致,各种动物之间也有差别。有人根据病兽的临床表现,区分为卡他型、皮疹型、神经型和顿挫型,也有人按病程经过区分为急性、慢性、闪电型和隐性型。这些分型均是人为划分的,实际上各型之间无严格的界限,可以互相转化。

犬科动物患犬瘟热的临床表现,首先在热型上呈双峰热型,即开始体温上升到 40.5℃以上,维持 1～2 天,降至常温4～5 天后再度升高,出现明显的临床症状。有的动物体温上升不明显,于濒死期体温降至常温以下。

病初在体温升高的同时,病兽食欲减退或完全丧失。少数病兽整个病期始终保持着食欲,仅在死前 2～3 天内完全丧失。呼吸道变化是本病示病症状之一。于发病 2～3 天开始发生上部呼吸道卡他性症状。病兽打喷嚏和打响鼻,用爪拭鼻,从鼻孔中流出透明液体,分泌物逐渐变粘稠、脓性粘液,并常干涸于鼻翼上,有时几乎完全堵塞鼻孔。病兽呼吸困难,经口呼吸,干咳,继而变为湿性咳嗽。呼吸频数,呼吸每分钟达70～90 次。听诊时可听到湿性罗音,有时不能听到呼吸音,叩诊有纯浊音区,呈鼓音的较少。

另一个示病症状是病初两眼流出浆液性分泌物,后变为粘液性或粘液-脓性眼眵。分泌物积聚于眼角内,并渐渐干涸形成硬皮,将眼睑粘合。结膜发红、肿胀,有时出现角膜病变,如角膜炎或小溃疡。

病毒侵害消化道时,病兽丧失食欲,出现带恶臭的下痢,粪便内含有大量粘液,有时被血液均匀地染成淡红颜色,有的粪便中带有血凝块。有的出现呕吐,病兽有极度渴感。尿中有时含有蛋白质,出现透明管型或细胞管型。

病毒侵害中枢神经系统时，常出现神经障碍，病兽病初精神沉郁，有时短期兴奋，有的发生阵发性和强直性痉挛，波及到不同肌群或大部分肌肉。头、脸和四肢可能出现节律性痉挛。咬肌痉挛，使牙关紧闭，唇部有大量泡沫，有时呈不间断发作。此外曾见到各种强迫肢势和运动，也有的表现不同肌群在不同部位痉挛，运动失调和反射兴奋性增高。这些现象常以不全麻痹而告终。如颜面神经、直肠括约肌、膀胱以及后躯麻痹。本病的神经型一般出现在流行初期或后期，病兽突然狂暴发作，扑向笼网，用口咬，面部肌肉搐搦，发出刺耳的尖叫声，口吐白沫，多在几分钟内突然死亡。也有未发现任何症状而突然死亡的。本病型的病兽几乎100%死亡。

在病狗的皮肤上常出现脓疱疹，少见于病貉和病貂。病狗有的在股内侧及腹部皮肤上出现红斑，随后形成小结节，继而变成脓疱，脓疱破裂干涸形成痂皮，损伤的皮肤于痂皮脱落后愈合。病貉和病貂的脓疱疹有时出现在头部和四肢的皮肤上。跖枕肿胀、变硬，生殖器官的肿胀是常见的症状。此外，还有心动障碍，增进性消瘦，发育停滞等。

成年兽感染犬瘟热，多呈轻型经过，只发生短期下痢和食欲不振。

急性型犬瘟热，发病3～4天动物便死亡，也有拖延至7～25天的，如未死亡，则逐渐耐过。

本病常有并发症。这种病例的症状和病程比较复杂。预后多不良，有时病程拖至10天或数月。常见的并发症有传染性肠炎、大肠杆菌病、沙门氏杆菌病，也有同巴氏杆菌合并发生的报道。诊断和防治时应予以重视。

【病理变化】　依病型、病程的不同和有无并发症等因素，病变呈多种多样。

一般病兽尸体常极度消瘦,在爪、唇、鼻及身体其他部位有时见到结痂。口腔粘膜常形成溃疡斑,鼻粘膜有粘液-脓性覆盖物,结膜肿胀充血,多数病例在内眼角上附有脓汁或干痂,眼睑闭合。

肺常见到黑红色无气病灶,切面流出粘液-脓性液体,有时见到肺水肿。大多数病例特别是狗、狐病变主要在呼吸道。除肺脏变化外,最常见的是呼吸道粘膜肿胀,并被有大量粘、脓性渗生物。

肠粘膜发生卡他性炎症,常可见到出血点、糜烂斑或粟粒大乃至扁豆大的小溃疡灶,直肠粘膜上有时见到点状、条纹状乃至弥漫性出血。体表和内脏淋巴结肿大、多汁。脾在急性病例中可轻度肿大,而慢性病例常呈萎缩状态。心脏脆弱,有灰红色病灶,在心内、外膜上有时可见到出血现象。

肝和肾皮质呈实质变性或脂肪变性,肝急性肿大。在充血的膀胱粘膜上有时见到点状出血或条纹状出血。脑水肿,脑血管明显出血。

病理组织学变化,在各脏器的组织切片上,可见到急性淤血现象,实质器官有局灶性渗出性出血。脾淋巴窦内的小血管内膜上有结缔组织细胞增生,实质细胞变性,呈现渐进性坏死。实质器官可见到沿血管和间质的淋巴细胞——中性细胞浸润。胃肠道粘膜有卡他性病变。泌尿系统,特别是在膀胱和肾盂上皮细胞的胞浆和核内可检出包涵体,在胃、肠粘膜上皮细胞中有时也可以检出。在细支气管和接触胸膜的肺胞内,有时可见到由细胞质融合成的覆盖着类上皮细胞上的所谓"巨细胞性肺病变"。

【诊　断】

1. **综合诊断**　国内外一直采用的诊断方法是以流行病

学、临床症状和病理解剖学和病理组织学变化进行综合分析，找出犬瘟热的示病症状，在类症鉴别的基础上作出诊断。本法虽然是非特异性的，而有时也不难得出正确的结论。

流行病学可根据高度接触性传染、感染谱、流行形式进行分析。临床上犬类动物出现典型双峰热和化脓性眼炎等示病症状。病兽患呼吸道和胃肠卡他性炎，有时出血，皮肤有湿疹和脓疱疹，有神经症状及血液学变化等。病理形态上，呼吸道和消化道表现明显的卡他性病变，脾多不肿大，在膀胱、肾盂上皮细胞中检出不同型的胞浆包涵体。

2. 鉴别诊断

(1)狂犬病　与犬瘟热不同，除流行病学和其他方面分析比较外，犬瘟热没有喉头和咬肌麻痹，病兽没有攻击性，而狂犬病病兽大脑海马角切片中可检出内基氏小体（尼古利小体）。

(2)水貂脑脊髓炎　也有神经症状，易与犬瘟热混淆。脑脊髓炎在幼兽群中散发，以癫痫发作为主，见不到化脓性眼炎和鼻炎。剖检时见到各脏器有广泛性出血（浆膜、粘膜、膈肌、心肌、甲状腺和脑实质等），而水貂犬瘟热不常见。狐和北极狐患犬瘟热时临床上较少见到类似脑脊髓炎的神经症状。

(3)伪狂犬病　是多种动物共患的急性病毒性疾病，临床上也易与犬瘟热混淆。其主要特点是侵害中枢神经系统和明显的皮肤发痒，经1～8小时很快昏迷死亡，可与本病鉴别。

(4)犬传染性肝炎　也易与犬瘟热混淆。不同的是犬传染性肝炎的病原为腺病毒，剖检见到肝及胆囊典型变化和腹腔渗出液的增加。包涵体的检出部位也有区别。犬瘟热为细胞浆内包涵体，而传染性肝炎为核内包涵体。

(5)副伤寒　是季节性疾病，常在夏季（6～7月份）暴发。

犬瘟热全年均可发生，1～2月龄仔兽最敏感，成年兽较少发病。副伤寒一直高热稽留，于濒死期体温下降到常温以下，尸体剖检脾脏明显肿大，有时达正常的6～8倍，器官和组织普遍黄染，可分离出副伤寒杆菌。

（6）巴氏杆菌病　常在兽场突然发生，死亡率几乎100％。病程急，体温高，精神高度沉郁，可呈现出血性肠炎和神经症状，有时也出现结膜炎和鼻炎。剖检见各脏器和组织大量出血，可分离出巴氏杆菌，对抗生素敏感，可以鉴别。

（7）钩端螺旋体病　与犬瘟热不同，不发生呼吸道和结膜卡他性炎症，但具有明显的黄疸，特别是狐、北极狐和貉。

（8）水貂、貉维生素B缺乏症　多呈急性（1～3天）经过，主要表现为急剧衰竭，肌肉挛缩，1日内发作数次，病兽频频呻吟，缺乏犬瘟热常见的结膜炎和鼻炎等示病症状。

（9）水貂病毒性肠炎　主要表现下痢，有特异的套管性粪便，脱水，经过急（5～7天），缺乏犬瘟热的固有症状，可以鉴别。

（10）貉传染性肠炎　病貉有排出带血粪便或黄色稀便，脱水，食欲废绝等症状。缺乏犬瘟热的示病症状。

3. 包涵体检查　这种方法是犬瘟热病的主要辅助诊断方法，目前很少用于其他传染病。包涵体主要存在于膀胱、胆囊、胆管、肾和肾盂上皮细胞内。

检查方法是在清洁、脱脂的载玻片上滴加1小滴生理盐水，用小外科刀从膀胱粘膜上刮取样品，放到生理盐水中研磨均匀，做成涂片，在空气中自然干燥，滴加甲醇固定3分钟，晾干后染色。如果涂片放1天以上时，须在染色前再滴加生理盐水，作用20分钟倒掉，然后再用苏木紫染色，用蒸馏水充分冲洗，然后用0.1％盐酸分色1～3分钟，分色时间根据涂片厚度而定。充分水洗后用1%伊红水溶液染色5分钟,水洗干燥后在油浸显微镜下检查。

我们应用瑞氏染液和姬姆萨液联合染色,也收到较满意的效果。涂片不用事先固定,首先向涂片上滴加瑞氏染色液1~2分钟,然后取用蒸馏水或去离子水稀释50~100倍的姬姆萨液滴加到涂片上或用染色缸,染色时间长一些为好,至少1~2小时,最好过夜。然后充分水洗。晾干或吹干,在油浸下镜检,结果两者的细胞核均染成淡蓝紫色,细胞浆染成玫瑰色,而包涵体则染成均质红色,包涵体具有清晰的边界,一般呈圆形或椭圆形,大小为1~2微米,也有不正形的。通常包涵体在细胞浆内,也有靠近核边缘呈镰刀形、僧帽形的,1个细胞可见到1~10个多形性包涵体。检出率不等。

4. 病毒分离和生物学试验 病毒分离是将可疑病料接种到鸡胚绒毛尿囊膜或狗肾细胞中,作组织培养,以分离病毒。这项诊断技术虽然准确,但操作较复杂,要求条件高,费时,且成功率不高,难于广泛推广应用。

目前较可靠的方法,是利用敏感性高的幼犬或幼貉及鼬科动物进行生物学试验。但要有良好的设备和条件,且费时费力,所以也不常用。其试验方法和要求,简要介绍如下。

(1)试验动物的选择 选没有注射过犬瘟热疫苗的、断奶15天以上的动物(不能用哺乳期仔兽、老兽或患其他病的兽)做试验。试验动物要求临床上健康,营养不低于中等水平。

(2)接种材料的制备 从濒死期或新死亡的病兽身上无菌地采取脾、肝、淋巴结及脑组织块,放于灭菌的50%甘油生理盐水中,或用无菌平皿采取组织块,用灭菌小乳钵或匀浆器磨碎,用1 500转/分离心30分钟。取上清液作为感染材料。为防止细菌干扰,可放入适量的青霉素、链霉素(每毫升不超过 1 万单位)。

(3)接种方法和剂量　一般脑内接种为 0.2 毫升,皮下、肌内或腹腔内注射为 3～5 毫升。

(4)结果观察　将试验动物放在隔离的笼舍内,设专人按常规喂养。严防散毒。

一般试验动物接种后经一定潜伏期后出现明显的犬瘟热典型症状,剖检又不能证明患其他疾病时判为阳性。

经 2～3 个月观察无任何临床变化,剖杀部分试验动物做病理组织学检查,确认无犬瘟热变化时,判为阴性结果。为确切起见,可行包涵体检查。

5. **实验室检查**　其方法有:①酶标染色检查,即 SPA 免疫酶快速诊断检查。②免疫荧光抗体检查。③琼脂扩散试验(免疫凝胶试验)。④中和试验。⑤电子显微镜检查。必要时可按要求向兽医研究单位或有关兽医检验部门送检。

【防治措施】　本病无特效治疗药物,但对症治疗还是有益的,主要是控制并发症和继发感染,给予大量维生素,注意病兽机体的水盐平衡,加强喂养和护理。

本病的预防和其他传染病一样,必须消灭传染源,切断传播途径和增强兽群抵抗力。采取检疫、封锁、消毒、免疫接种和扑杀病兽等综合措施。建立必要的防疫制度。疫群解除封锁的时间,最好在疫情平息半年后为宜。

免疫接种是控制和扑灭本病的有效办法。我国研制的水貂犬瘟热鸡胚组织培养弱毒疫苗已用于水貂,也用于貉、狐和犬。哈尔滨兽医研究所研制的犬瘟热、细小病毒和腺病毒三联疫苗也可应用。此外,亦有用驴、山羊和其他动物经高免制成的免疫血清、免疫球蛋白、高免抗体及特制的干扰素等,经过试用亦有一定的治疗效果,可以试用。

二、水貂细小病毒性肠炎

水貂细小病毒性肠炎,特征为胃肠粘膜炎症和坏死变化。本病发病率和死亡率较高,是公认的对水貂饲养业危害较大的病毒性传染病。

本病最初发现于加拿大。幼貂的发病率为 $50\% \sim 60\%$,成年貂发病率为 $20\% \sim 40\%$。发病水貂的死亡率为 $20\% \sim 30\%$,也有人统计幼貂的死亡率可达 90%。本病常在 $8 \sim 9$ 月份暴发流行,冬季散发。发生本病的貂场或地区常在翌年夏天再次流行。我国的东北和内蒙古一些养貂地区,也发生过本病,有的还和水貂犬瘟热等病合并发生,造成严重的损失。

【病原特性】 本病的病原体是水貂细小病毒性肠炎病毒(简称为 MEV)。该病毒属于细小病毒科。

水貂细小病毒与猫泛白细胞减少症病毒(简称 FPV)有密切亲缘关系,有人把后者看成是本病的病原体。猫细小病毒能使水貂发生感染,出现水貂细小病毒性肠炎的类似症状,用猫泛白细胞减少症病毒制成疫苗,能使水貂获得抗水貂细小病毒性肠炎的免疫保护,但水貂肠炎病毒却不能感染猫。

小白鼠、家兔、雪貂和田鼠对水貂细小病毒均无易感性。

本病毒对外界环境有较强的抵抗力。粪便中的病毒在 $-20℃$ 条件下,能存活 12 个月,经 $56℃$ 30 分钟处理,仍能保持其毒力,经 120 分钟处理后可失去活性。

实验证明,耐过本病的水貂是本病毒的携带者。患本病的病貂愈后 1 年多的时间内仍然排毒。本病可以通过人员来往、水貂交换、苍蝇、乌鸦和老鼠等传播,亦可通过病貂和健貂的相互接触(如交配、厮斗)而传播。

【临床症状】 水貂病毒性肠炎的潜伏期 $4 \sim 9$ 天,大多数在出现症状后 2～5 天死亡,或逐渐恢复健康。有人把本病分为急性型和亚急性型。急性型在感染后 7～14 天死亡,亚急性型在感染后 14～18 天死亡。在 1969 年,有人观察到超急性型病例,病貂未出现腹泻,仅食欲废绝,12～24 小时内即死亡。

病貂先出现食欲减退或废绝,精神沉郁,不爱活动,有时呕吐,排出软稀粪便。粪便中混有较多的粘液,呈灰白色,少数显红色。以后出现严重腹泻,粪便中有大量粘液和粘膜,有时液状粪便内出现无光泽、粉红色或淡黄色或绿色的粘膜圆柱(粘液管)。此为本病特征性示病症状。粪便中还有较多的血液。病貂耸肩弯背,部分病例出现呕吐,吐出物中有粘液和黄绿色水样液体。后期排出的粪便呈水样,黄绿色,混有少量粘液。用显微镜做粪便检查可见大量的纤维素、血细胞和脱落的粘膜上皮。病貂极度虚弱和消瘦,被毛蓬松,常常伸展四肢平卧,体温 40～41℃。

水貂在感染后的 5～9 天(出现症状的最初几天)血液中白细胞数减少,一般每立方毫米低于 5 000 个,嗜中性白细胞比例相对增加,淋巴细胞相对减少。

【病理变化】 病程较长的病貂死亡后,检查可见尸体消瘦,被毛蓬松,肛门周围有粪污。

1. **病理解剖学检查** 肠管呈鲜红色,明显充血,肠内容物有带血粘膜和纤维,呈现急性卡他性、出血性肠炎变化,有的肠内容物为暗红色的血液(急性病例最明显),有的呈水样,黄绿色,肠壁有纤维样坏死病灶,肠系膜淋巴结肿大,色红。脾淤血性肿大,表面粗糙,有色斑。小肠粘膜明显充血,有坏死灶和纤维素沉积。亚急性病例肝肿大,质脆,色淡。

2. **小肠病理组织学检查** 小肠隐窝的上皮细胞明显增大,呈现空泡变性,有些上皮细胞出现胞核包涵体和胞浆包涵体,数量为 $2\sim3$ 个。胞浆包涵体出现在体积增大的上皮细胞内,胞核包涵体出现在未发生增大的上皮细胞上。用苏木紫和品红染色时,包涵体被碱性品红着色。

【诊　断】

1. **综合诊断**　根据临床症状、血液学检查、流行情况、尸体剖检结果,进行综合分析,可作出初步诊断。做小肠病理切片观察,检查上皮细胞有无增大,有无空泡变性以及有无包涵体,对本病的确诊有重要意义。

2. **实验室诊断**　近年来夏咸柱先生根据细小病毒可以凝集猪红细胞的特性,研制出对犬、貂、貉做血凝和血凝抑制试验诊断试剂盒,可作快速确诊。笔者用高免抗 MEV 血清与病貂粪便做双向琼脂胶免疫试验,亦可作出诊断。

诊断应注意与犬瘟热、肠球虫病及大肠杆菌病、巴氏杆菌病及其他细菌引起的胃肠炎等疾病相区别。

【防治措施】　目前尚无治疗本病的特效药物,可根据病貂的临床变化,适当选用磺胺类药物和抗生素控制细菌性疾病的混合感染,也可选用免疫球蛋白、特异高免血清及干扰素治疗。

预防接种是防止水貂病毒性肠炎发生的最好措施,这已被生产实践所证实。国内生产的几种脏器灭活疫苗、弱毒疫苗和联苗,均可试用。种貂最好在 $1\sim2$ 月份接种,幼兽在 6 月末至 7 月初接种。

本病流行的兽场,应采取严格隔离措施。隔离的病貂应由专人负责管理,要注意驱鸦灭蝇,禁止猫进入兽场内。耐过本病的病貂是病毒的携带者,不应留作种用。要做好卫生消毒工作,笼舍、场地可用 3%甲醛液、3%漂白粉、3%氢氧化钠或石灰乳进行消毒,食具用氢氧化钠、甲醛液消毒,也可用蒸气消毒。病貂粪便可集中在貂场较远的地方，作封闭发酵消毒处理。

三、貉传染性肠炎

1984 年秋，在黑龙江省一些毛皮兽养殖场的貉群中，暴发一种以出血性肠炎为主要症状的急性传染病。发病率和死亡率高达 80%～100%，来势凶猛，损失很大，后经我们检验，其主要病原与猫泛白细胞减少症病毒、水貂肠炎病毒和犬细小病毒（CPV）有交叉免疫关系，我们暂定名为貉传染性肠炎。本病在文献中报道较少，是我国养貉业的一大威胁。

【病原特性】 实验室检查证明，本病的病原为细小病毒，简称为貉细小病毒（RPV），可能是犬细小病毒的变种，用猫肾、狗肾细胞均可分离出来。貉细小病毒对醛化猪红细胞的血凝价可达 2 048 倍。电子显微镜负染及免疫电镜观察证实，其直径为 25～28 纳米的圆形颗粒，为单链的脱氧核糖核酸（DNA），芯有实芯的，也有空芯的。该病毒与猫细小病毒、水貂肠炎病毒及犬细小病毒均为同一亚属，有共同的抗原性。本病有时混感轮状病毒、大肠杆菌或沙门氏菌。

【临床症状】 本病因有无混合感染和貉个体的差异，临床表现颇不一致。潜伏期为 4～15 天，也有长达 21～28 天的。典型病例病初出现精神沉郁，行动迟缓，喜蜷缩于笼舍的一角。继而后躯摇摆，体温升至 40～41.5℃，食量大减或拒食，喜欢饮水，两眼无光，眼球下陷，眼角出现粘稠的分泌物。有的上下眼睑被粘合在一起。病貉迅速消瘦，严重脱水，有时出现呕吐。粪便开始呈黄色牛粪状，进而变成黄色、绿色粥状或水状，有恶臭，再进一步发展，粪便呈粉红色或西红柿汁状，混有血液。尿量减少呈深褐色，粘稠，病程发展到后期，体温下降，肛门松弛,大便失禁,最后麻痹或抽搐而死亡。病程 7～15 天,最长达 30 天以上。

【病理变化】 急性病例除有心肌混浊及心肌炎变化外,其他均不明显。主要病变在肠管,从表面上看,各段肠管均潮红,有的呈血肠样,肠壁变薄。十二指肠、空肠内有酱油色或粉红色粘液,肠粘膜水肿并有大面积充血、出血,严重的粘膜脱落,肠壁变薄。大肠段内容物比较少,为黄色或粉红色粥状。胃内一般无食物,只有少量酱油色或粉红色的粘稠内容物,胃粘膜潮红。严重病例幽门处可见米粒大的溃疡灶。肝脏轻度肿大,质体稍硬,切面淤血。胆囊充满胆汁,膨大。肺脏无明显变化,有的出现暗红色肝变样肺炎灶。脾脏轻度肿大和出血。其他变化不明显。

【诊断和防治措施】 参照水貂细小病毒性肠炎的有关措施。

四、水貂阿留申病

本病于 1946 年首先在阿拉斯加阿留申群岛从新培育的变种阿留申水貂中发现的,故称之为阿留申病,1956 年才被确定为独立的疾病。1962 年进一步证实,本病是由病毒引起的水貂慢性传染病。

本病潜伏期长,呈慢性经过,血液中丙种(γ)球蛋白异常增加,浆细胞增多,出现多发性动脉炎、血管球性肾炎和肝炎,因此有人称之为浆细胞增多症(瑞典、丹麦)或丙种球蛋白增多症。多数学者认为,阿留申病是自身免疫病,是由于免疫过程所产生抗体引起的疾病,呈严重的病毒血症表现,但不出现病变。病变产生于高丙种球蛋白症之后(1～2 周)。在感染后出现循环抗体,它与病毒相结合形成免疫复合物。随着免疫复合物在肾小球内沉积,多数病例死于肾小球肾炎和肾衰竭。病毒增殖只能引起轻微损害,而免疫复合物有明显的致病作用(图1)。

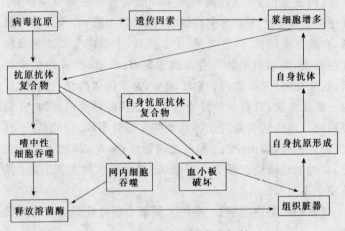

图1 阿留申病的发病机制

阿留申病和人类的类风湿性关节炎、全身性红斑狼疮、多发性骨髓瘤等自身免疫病有许多相似之处,因而推测水貂阿留申病的发病机制与人的类风湿性关节炎相同。1966年有人对实验感染的阿留申病病貂进行抗球蛋白试验,其反应呈阳性。Cheema和清水等人使用免疫抑制剂(如肾上腺皮质激素等),可抑制丙种球蛋白增多,使其恢复正常。从控制组织器官损害来看,本病属于自身免疫范围。本病流行面广,世界许多国家的水貂都发生过本病。

近年来我国各地应用碘反应法进行调查研究,证明江苏、黑龙江、山西等地有本病流行,水貂、彩貂的阳性率为12.8%～35.91%。调查表明,阿留申病在我国养貂场中早有存在,而且感染面较宽。1984年应用黑龙江兽药一厂研制的阿留申病抗原做对流免疫电泳检查,调查了两场 550 只水貂,阳性率为 49.6% 和 53.12%,平均为 51.27%。

本病显著降低水貂繁殖成活率,病貂空怀率高、产仔数低。1968 年有人观察碘反应阳性母貂,平均产仔 2.8 只,而阴性健康母貂在同一条件下平均产仔为 4.6 只。患病母兽产下的新生仔兽死亡率高,多在生后 24~48 小时死亡。

我国资料又证明,患阿留申病耐过后,公貂睾丸发育不良,健貂的睾丸平均重为 8.8 克,病貂的平均重只有 3.3 克,并无成活精子,射精量甚少。据吉林农业大学 1983 年资料,患阿留申病的母貂,产仔平均为 2.3 只,在同一条件下健康母貂平均产仔成活为 5.8 只。不仅如此,阿留申病病貂多在冬季死亡。病貂毛皮质量降低,种兽不能出口,根据以上情况,阿留申病与貂犬瘟热、病毒性肠炎,已成为当前危害养貂业健康发展的三大疫病之一。

【病原特性】

1. **病毒形态**　从病貂脾脏中提纯的病毒粒子,其大小为 23 纳米,浮密度为 1.37~1.38 克/厘米^3,核酸类型为 DNA。1978 年有人曾将提纯病毒在电子显微镜下观察,见到三种不同大小的核酸,长度分别为 1.2,0.5 和 0.25 纳米,核酸浮密度为 1.733 克/厘米^3,即比双股 RNA 要低,而含有 DNA。从肾单层细胞培养的病毒,用电子显微镜检测,其病毒粒大小为 25 纳米,系完整的粒子,具有 20 面体结构,其浮密度有两个,即 1.334 克/厘米^3 和 1.295 克/厘米^3。前者占全部收获量的 85%,后者占 15%。1977 年有人检测来源于猫肾细胞株的提纯病毒,表明水貂阿留申病毒分子量为 54~69×10^6 道尔顿,浮密度为 1.32~1.34 克/厘米^3,沉降系数为 110 S,抗原合成部位在核内,对脂溶剂、去污剂、蛋白酶、氟利昂、去氧胆酸和

核酸酶有低抗性。对福尔马林、紫外光、热敏感。pH 值 2.8～
10。56℃作用 30 分钟稳定,80℃作用 30 分钟灭活。无囊膜。
综合上述数据,1981 年国际病毒分类学执委会一致认为,水
貂阿留申病毒在分类上应归属于细小病毒科。

据报道,国外已分离到 4 株病毒:犹太 1 号株、普尔曼
(pullman)株、威斯康星株和欧洲株。其中犹太 1 号株对水貂
具有强大的毒力,接种于雪貂则少发病,在雪貂体内保毒,即
使在雪貂中速传 5 代以后,仍不能增强其毒力。此毒株对细胞
适应性强。1975 年有人证明普尔曼株的毒力要比犹太 1 号株
弱得多。1982～1983 年,我国东北林学院和黑龙江省兽药一
厂利用貂肾及睾丸细胞分离出 ADTVC$_4$ 株病毒 1 株。

2. **病毒在体内分布与繁殖** 经动物人工接种感染表明,
病毒在阿留申病貂体内复制的速度很快,在接种后 11 天。脾、
肝和淋巴结均可检测出病毒,滴度可达 $10^{8～9}$LD$_{50}$/克,以后各
组织中滴度逐渐下降,到 2 个月后,病毒在脾脏中滴度下降到
10^5LD$_{50}$/克,血液为 10LD$_{50}$/克,甚至感染后 7 年仍可以从水
貂脾脏中回收到病毒。感染貂还从唾液、粪尿中排出病毒。病
毒在非阿留申水貂体内复制能力较低,约有 21% 的接种貂不
发病。

更有意义的是,应用免疫荧光技术证明,病毒抗原存在于
巨噬细胞内,且基本在细胞浆中。1977 年有人应用免疫铁蛋
白技术检测证明,人工感染水貂后,10～13 天在肝巨噬细胞、
脾和淋巴结的巨噬细胞内存在着大小为 22 纳米的类病毒颗
粒,并指出这种类病毒颗粒在细胞核内复制,继而在细胞浆的
空泡内积聚。

3. **病毒的体外培养** 据 1981 年托尔森(Zarsen)等人报
道,犹太 1 号毒株对体外细胞的适应性很强,迄今已有诸多资

料表明,水貂阿留申病毒能在各种原代细胞和继代细胞株系上生长繁殖。1963年有人曾用10%病貂组织悬液接种于水貂睾丸和肾原代细胞上,见到了细胞致病作用(CPE),在电子显微镜观察中,见到10~50纳米大小的病毒颗粒,并取其2,4,6,8代培养物检测毒价,滴度达10^5TCID$_{50}$/0.1毫升,而且能使接种貂发病,证明有感染性。1977年有人指出,在猫肾细胞系(CRFK)必须于$31.8℃$下培养才能繁出有感染性的毒粒,并产生出高效价的病毒抗原。此外,在鼠细胞株上也能产生细胞致病作用。其培养物回归貂有传染性。有人研究了5种细胞,在原代非洲绿猴肾细胞和人-W138细胞系中,只能有限地产生病毒抗原。

【流行特点】

1. **易感动物** 所有品系的水貂都能感染此病,以阿留申水貂易感性最高。发病率及死亡率均高,其他品系水貂大部分呈隐性经过。人工接种犹太1号毒株的60只紫罗兰色水貂和黑色水貂,100%呈对流免疫电泳的阳性反应,而表现典型症状和肾损害的仅占6.67%。

在年龄和性别上,成年貂感染率比幼貂高,对哺乳母貂的危害最为严重,并能引起母貂空怀。据1974年国内资料(连云港),用碘反应检验结果表明,成年貂发病率高于仔貂,公貂高于母貂。

此外,应用对流免疫电泳检测,发现2%的狐、3.7%的浣熊、65.3%的臭鼬鼠存在阿留申病抗体,3%的犬和猫可出现短暂性阿留申病抗体,小白鼠、大白鼠、金黄色地鼠、豚鼠和家兔等实验动物,对阿留申病毒人工感染不敏感。

2. **传染特点** 病毒可由显性的和隐性的病貂唾液、粪尿散布传播,从而污染环境、饲料和水源,通过消化道和呼吸道水平感染。1978年有人把1只隐性病貂放进10只健康貂笼舍中饲养，过不久就发生了传染，2只被感染。另以4只正常貂与14只隐性病貂一起饲养，虽然隔开饲养，结果有3只被感染。由此表明，本病无论是直接接触或间接接触均能发生传染。本病是终年毒血症，通过血液传染是最危险的途径，特别是饲养人员和兽医，如不注意往往会成为散布病原的主要媒介。如接种疫苗、外科手术和注射、抓捕等，均可造成本病传播。国外有人证明，蚊子等吸血昆虫也是传染媒介。1964年有人将叮咬病貂的蚊子做成乳剂，接种水貂，结果感染发病。

1981年英国有人报道，阿留申病毒可使水貂患严重的持续性感染和病毒血症，并呈垂直感染。这种病毒像小鼠乳酸脱氢酶病毒一样，只感染巨噬细胞，经胎盘传递。有人检查了53只活胎，有32只存在病毒。关于本病毒感染后在机体内的生存情况，有如下假想（图2）。

病毒感染巨噬细胞，造成感染的持续存在，其机制可能有三种情况。一是由感染的巨噬细胞所产生的干扰素，可能对其他巨噬细胞不起保护作用，但对其他类型细胞有正常作用；二是虽然一些病毒与抗体复合物被吞噬细胞吞噬并分解，但被吞噬的复合物在较长时间内仍具有传染性；三是由于网状内皮系统的巨噬细胞是清除循环系统中病毒和病毒-抗体复合物的重要细胞，已感染病毒的吞噬细胞可能降低了清除病毒的能力，因而有利于形成持续性病毒血症。总之，该病毒在淋巴细胞和巨噬细胞中生长繁殖，从而破坏了机体的免疫功能。除病毒和宿主免疫状态两个因素外，遗传因素和慢性感染也有一定关系。

3. 水貂阿留申病是与遗传有关的病毒病　阿留申水貂为亮深灰色，这种貂染色体内有"aa因子"的隐性特殊遗传。

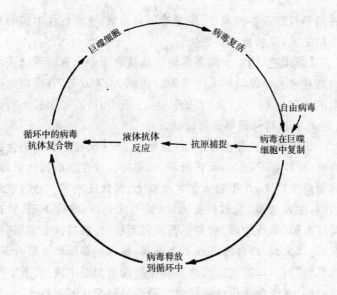

图 2　阿留申病毒生存情况示意图

据观察,阿留申貂对本病非常易感。发病率及死亡率均高,而其他颜色的水貂则不然。这种貂的阿留申基因据研究能破坏细胞中形成颗粒细胞器的生理功能,因而产生两种效应:一是内色素颗粒排列不规则,毛色淡;二是使机体抵抗力降低,致易感该病,还有使骨骼形成缺陷、发生遗传性后肢瘫痪、短尾等有害基因。据日本清水祥夫先生 1985 年报道,阿留申系水貂感染阿留申病后症状明显,潜伏期 3～6 周,经 3～6 个月死亡。而非阿留申系水貂感染本病后症状不明显,潜伏期长。呈慢性或隐性经过,不死亡。

4. 本病流行有季节性　秋季发病率和死亡率增高。肾严重损害的病貂,渴欲增高,在秋冬季节,由于冷冻,往往不能得到充足的饮水,致使病貂病情急剧恶化,引起大批死亡。不良的饲养管理条件和寒冷、潮湿等不利因素,也能促使本病的发生和发展,使病情急剧恶化。

【临床症状】 本病潜伏期一般从血液中出现丙种球蛋白增高算起。非经口的人工接种潜伏期 21～30 天,直接接触感染潜伏期为 60～90 天,有的长达 7～9 个月,有的貂甚至持续 1 年或更长时间仍不表现症状。

临床上可区分两种病型:急性型 2～3 天死亡。病貂食欲丧失,呈抑郁状态,逐渐衰弱,死前痉挛。慢性型病程达数周,病貂高度口渴,几乎整天伏在水盆上,暴饮或吃雪、啃冰,逐渐消瘦,生长缓慢,食欲好差无常,被毛无光泽,眼窝下陷,精神高度沉郁,步行蹒跚。病毒侵害神经系统时,病兽伴有抽搐、痉挛、运动失调、四肢麻痹或不全麻痹。临床上表现严重贫血,可视粘膜苍白,口腔、齿龈、软腭和硬腭出血和发生溃疡。由于内脏出血,粪便呈煤焦油样黑色。隐性经过症状不明显。

血液最明显的变化是丙种球蛋白增多。用电泳测定病貂丙种球蛋白,可见增多呈 40%～50% 的球蛋白血症(健貂仅 15%～20%)。病貂的血氮、血清总氮、麝香草酚浊度、谷草转氨酶、谷丙转氨酶以及淀粉酶等均显著增高,血清钙、白蛋白和球蛋白比降低,白细胞数增加,分类计数淋巴细胞百分比增高,颗粒白细胞百分比降低。

【病理变化】 骨髓、脾、肝和肾上腺,尤其是肾变化最为显著。肾脏体积增大(可达正常的 2～3 倍),呈灰色或淡黄色,有时呈橙黄色,表面有黄白色小病灶,有点状出血,被膜易剥离,切面皮质和髓质平整。慢性经过的病例,髓质结节不平,有粟粒大的灰白色小病灶,发生肾病肾炎。肝肿大 1 倍,急性经过呈红色,红肉桂色,慢性经过的呈黄褐色,土黄色。脾肿大 2～5 倍,呈暗红色或紫红色,被膜紧张,有弹性,多汁。有些病例骨髓呈灰色。死于亚急性和慢性的病貂，表现衰竭，瘦削，有20％的病貂在齿龈、硬腭、软腭上有棕色的小出血或溃疡斑。

病理组织学有特征性变化，浆细胞增多，在正常情况下，浆细胞增殖仅见于骨髓内，而阿留申病病貂则见于许多脏器内，常于肾、肝、脾及淋巴结的血管周围出现浆细胞浸润。在浆细胞内发现许多的拉色尔小体，呈圆形。这些小体本身可能是由免疫球蛋白组成的。在电子显微镜下可见到浆细胞粗质网增大，呈树枝状，断面呈足球或冰球状。在肝小管、肾盂、膀胱、胆管上皮细胞及神经细胞中，有时也能见到这种小体。自然感染病貂这种小体检出率为62％，实验感染病例为58％。肾脏浆细胞浸润见于丝球囊外膜周围，近端曲小管损伤最严重。在亚急性和慢性病例中，可在肾小管内发现颗粒样透明蛋白管型和含血管型，是血液内蛋白异常的形态表现，为肾小球肾炎变化。

肝三角区内发现浆细胞和淋巴样细胞聚集，浆细胞呈弥散性浸润，慢性经过的病例更严重。胆管上皮肿胀、增殖和变性。

脾和淋巴结内除浆细胞浸润外，还见到大量增生性网状细胞，在骨髓内发现大量排列不规则的未成熟浆细胞。

本病常伴有小血管壁变厚，管腔缩小，甚至阻塞。小血管内遗留 PAS 反应阳性物质（PAS 反应糖蛋白染色阳性，染色呈深红色），外膜疏松，周围淋巴浆细胞大量聚集，即所谓泛结节性动脉周围炎。

【诊　断】　阿留申病的诊断除根据临床、病理解剖及组织学变化和流行病学等综合诊断外，主要靠实验室诊断。

1. **碘凝集反应**　该法是 1962 年美国人最先采用的，系根据阿留申病病貂血清中丙种球蛋白量增多，与碘液混合后出现絮状凝集反应原理，创建了本法。用碘反应和病貂的尸检对照检查，认为准确性达 94.4%，当年得到了美国农业部的证实。该报告称，检查碘凝集反应阳性的 250 只水貂中，经尸检确认为患病的有 233 只，在阴性 124 只水貂中，有 120 只确认健康。他们认为准确性达 95%，以后得到广泛应用。

我国农业部颁发的动物检疫操作规程中，水貂阿留申病的检疫用碘凝集反应。该法操作比较简单，从水貂的前爪或后趾尖端剪断爪甲，用毛细管采血，离心分离血清，折断玻管或剪断塑料管吹出 1 滴血清与等量的碘溶液混合，根据絮状物出现的时间、状态判定结果（＋ ＋＋ ＋＋＋ ＋＋＋＋），无絮状物沉淀的判为阴性。虽后来经过纸上电泳、对流免疫等技术验证，碘凝集反应是属于非特异性反应，但仍可应用。

碘溶液的配方：碘 2 克，碘化钾 4 克，蒸馏水 30 毫升。目前各国均已采用对流免疫电泳法取代碘凝集反应诊断本病，并取得了良好效果。

2. 对流免疫电泳（CIEP） 本法由加拿大学者于 1972～1974 年创立的。当水貂感染阿留申病后 7～9 天即产生沉降抗体，其血清在对流免疫电泳试验中，会出现细而浅的乳白色沉淀线，至 11 天其沉淀线强度增高，线粗而清晰，此沉淀可持续 190 天以上。据乔（Cho）氏 1972 年报道，其检出率可达100%，具有很高特异性，远比碘凝集反应为优越。汉森（Hansen）于 1976 年曾用对流免疫电泳检测 2 300 份水貂血清，检出阳性率为 60%，经解剖验证完全符合，因而推荐其为水貂阿留申病的主要检疫方法。苏联、欧洲共同体、美国、日本都把对流免疫电泳作为诊断水貂阿留申病的法定方法。对流免疫电泳操作技术如下：

（1）**基本原理** 以琼脂为支持物，在 pH 值 8.2～8.6 的环境中,在一定的电场强度下,抗原离子由负极向正极移动,而抗体在电渗作用下,由正极向负极移动;相应的抗原与抗体在合适的比例相遇时,即形成特异性白色沉淀线。

(2)溶液配制

①1摩/升盐酸液:37%盐酸(浓盐酸)98.65毫升,蒸馏水加至1 000毫升。

②Tris-盐酸缓冲液(pH 8.4):0.05摩 Tris 6.06克,蒸馏水加至1 000毫升,用1摩/升盐酸液调至pH值8.4为止(用pH值测定仪检测)。

③1%琼脂糖溶液:琼脂糖1.5克,Tris-盐酸缓冲液(pH 8.4)7.5毫升,蒸馏水75毫升,加热溶解。

(3)琼脂胶板制备　首先将琼脂胶在沸水浴中加热,使完全溶化,冷至60~70℃时趁热倒到水平、洁净的玻璃板上,制成6厘米×10厘米大小、厚度为2~3毫米的琼脂板。琼脂板按被检水貂数量打孔(可按模式图)。孔径为2毫米,孔间距为5毫米,挑除孔内琼脂粒,挑取时注意保持孔壁边缘垂直,勿使挤压歪斜。实验证明,琼脂糖的质量好差、琼脂板是否符合标准、缓冲液的pH值,对检验效果都有一定的影响。

(4)电泳操作　①在琼脂胶板孔内加入被检血清及对照阳性血清(不可用过强、过弱阳性血清)。加血清时,注意孔内不应有气泡,血清不可溢出孔外。②将加好血清的琼脂板放入电泳槽内,用泳槽内缓冲液浸湿滤纸,用再浸湿的滤纸在胶板两端"搭桥"。③接通电源,血清孔放阳极端,电压100伏,电流8毫安,电泳20分钟。④取出琼脂板,在阴极端孔内加对流免疫电泳抗原,再放入电泳槽内,搭桥,抗原放阴极端,血清放阳极端,电压80伏,电流6毫安,电泳45分钟。

(5)判定　根据反应结果作出最后判定。

①阳性：琼脂板在血清和抗原之间可见清晰明显的沉淀线。向血清孔弯曲的沉淀线，是正常的。

②最后判定：电泳后的琼脂胶板，置于盒中，在室温下放2～4小时，然后判定（不清楚时浸在 0.85％盐水中 10～30 分钟，易于观察）。

（6）操作注意事项　①抗原有的未经灭活，用后应煮沸消毒，用水漂洗，防止散毒。②琼脂糖应采用白色粉末状的。③已污染的抗原和血清禁用。④通电时注意电压，电流不要太大。电泳仪可采用北京实验设备厂制造的 DY-M_2 型电泳仪。

此外还有我国东北林业大学王金生先生和日本清水先生研创的 PPA-ELISA 和 ELISA 法，以及淋巴结压片浆细胞计数等辅助诊断法，均可试用。

【防治措施】　预防本病，可采取如下措施：

1. **消灭病原**　控制和扑杀阿留申病兽和带毒兽。彻底消毒，最好用火焰或蒸气处理。5％福尔马林消毒金属结构物，用2％氢氧化钠溶液或漂白粉处理地面。定期检疫，检出病兽和带毒兽。取皮时进行清群和淘汰种兽。这样一般经 2～3 年，即可达到净化兽群的目的。

2. **切断传播途径**　防止引入病原，严格检疫，禁止病兽及污染物引入貂群、貂场，无关人员禁止出入已净化了的貂场。加强饲养管理，供给全价饲料。建立消毒槽，设立隔离兽舍，将病兽和带毒兽隔离饲养。

3. **增强水貂抵抗力**　①培养非阿留申水貂群。②搞好环境卫生。③加强饲养管理，试用一些防止并发症的药物，如青霉素、维生素 B_{12}、多核苷酸、肝脏制剂以及免疫抑制剂，来控制继发感染。增强抗病能力，抑制自身免疫病的发展，尽可能维持到取皮时还是可能的。最好不用磺胺类药物，防止加重肾脏的损伤。

1981年有些学者认为,本病在病貂血清内含有很高的丙种球蛋白,均系 6.4 S 的 IgG,其滴度可维持在 10^5,但却不能中和病毒。虽然 1972 年有人试制了一种灭活疫苗,经试用,效果不甚满意。至于减毒苗的培育和实际应用,尚未见有实用价值的报道。1975 年有人证实,人工感染或自然感染水貂的血清和血浆内,存在自由 RNA 及 DNA 抗体,DNA 抗体滴度达 1∶80～256。此外在细胞免疫上,1979 年,有人测定病貂淋巴细胞功能表明,B 细胞浓度增加,T 细胞减少,这对探索细胞免疫有参考价值。

五、狐流行性脑炎

本病广泛发生于欧洲和北美,在我国的养狐场中也有流行。本病的病原与犬传染性肝炎病原是同一病毒。在病毒分类上属于腺病毒。

【病原特性】 本病的病原体为犬腺病毒(eAV)I 型的动物腺病毒。本病毒有较强的抵抗力,在 pH 值 3～9 的环境中可以存活,对乙醚、氯仿等脂溶剂均有耐受性,本病与犬瘟热不会产生免疫干扰,也不会产生交叉免疫。

【流行特点】 本病毒对各种年龄及品种的狐均可感染,幼龄狐的发病率和死亡率较高。本病发生的季节性不明显,一年四季均有发生,在狐群中常缓慢蔓延,2～3 周后达到高峰,发病率和死亡率在 15%～20% 之间,有时可达 50%。

【临床症状】 本病潜伏期较短,有时发病很突然,呈急性脑炎症状,病狐发热、呕吐、兴奋,表现剧烈的痉挛,盲目地来回走动,进而出现一肢或后躯或全身麻痹。病初表现渴欲增高,流水样眼泪和鼻汁,轻微腹泻,眼球震颤。最初发病的常在

24小时内死亡。病程较长的病狐常由兴奋转为沉郁，隐卧于笼舍一角。个别病例出现一侧或双侧性角膜炎，有时也可见到出血性腹泻。最明显的症状是中枢神经系统的病象，如高度兴奋和肌肉痉挛，痉挛间歇期病狐精神委靡，对周围事物冷漠。也可能发生截瘫和偏瘫，病程多为24小时，少有长达2～3天者，有些病狐突然麻痹，昏迷而死亡，也有耐过的。

【病理变化】 剖检有时看不出病变，多数病例在各脏器中，特别是在心内膜下，脑、脊髓或唾液腺、胸腺、胰腺和肺脏中有点状出血。

病理组织学检查可见脑、脊髓和软脑膜的血管周围有细胞浸润灶，伴以微血管出血，有时还有较多出血。血管内皮细胞、肝实质细胞和软脑膜细胞中有核内嗜碱性包涵体。

【诊　断】 注意与狐犬瘟热、钩端螺旋体病鉴别，有时可能有混合感染。只靠临床综合检查较难确定诊断，必须结合实验室检验方可确诊。必要时可将刚死亡的病狐或病危狐送往兽医检验单位做病毒分离、补体结合试验、琼脂扩散和荧光抗体试验，加以确诊。

【防治措施】 病狐康复后可对本病产生免疫力，但尿中可带毒半年。为此，非疫区不要引进此类狐饲养。可以试用犬传染性肝炎弱毒苗进行预防接种。现国内已生产犬腺病毒Ⅰ型苗和Ⅱ型苗。经试验证明，这两种疫苗具有交叉免疫作用。Ⅱ型弱毒苗接种后犬反应小，也可试用（参照犬的用法）。

六、伪狂犬病（奥士奇病）

本病是多种动物共患的急性病毒性传染病。1902年匈牙利学者奥士奇首先记述了伪狂犬病，所以又称为奥士奇病（阿氏病）。本病的特点为侵害中枢神经系统和皮肤发痒。在肉食性毛皮兽中多见,给毛皮兽饲养业带来很大的损失。据报道,世界上已有 40 多个国家发生过本病。到目前为止我国已有 18 个省、自治区、市发生过猪伪狂犬病。

1973 年内蒙古有一貂场暴发了本病,死亡 400 多只水貂。1975 年广西南宁一貂场也发生了本病。近来东北一些养貉场貉群中也发生过本病。本病的发病机制尚未彻底弄清,有人认为本病病毒可随被污染的饲料侵入机体,随血液散布到全身各器官和组织内。本病病毒最初侵害的器官是肺脏,在此聚集和繁殖。人工接种后经 25～48 小时动物便出现毒血症,许多器官发生出血和营养障碍的变化。这些变化与病毒对血管壁的直接损伤有关。由于肺脏受侵害,引起组织严重缺氧,降低了组织内的氧化过程,使动物体温下降(37.5～36℃),心脏扩张,由于组织中二氧化碳饱和,引起血液凝固性降低。缺氧导致大脑皮质神经细胞受损,小脑神经细胞的损伤更重。由于破坏了血脑屏障,病毒可直接作用于中枢神经细胞,引起综合神经症状,皮肤高度敏感。神经症状最明显时,神经系统中的病毒含量也最高。与此同时,血液中的病毒含量则明显下降,甚至完全消失。有人认为本病病毒属于亲肺病毒。

【病原特性】 伪狂犬病疱疹病毒(PRbV)属于疱疹病毒科,甲疱疹病毒亚科。其生物学特性与引起自然发病病例分离的强毒没有差异。本病毒含双股 DNA。据我们用电子显微镜负染观察,病毒粒子近似圆形,大小为 100～300 纳米。成熟病毒颗粒有小囊膜粒子和大囊膜粒子两种,其直径分别为 150 纳米和大于 200 纳米,囊膜表面有纤突。未成熟的病毒粒子直径为 100 纳米,其核衣壳有各种形态,以环形为多见。未成熟病毒多在细胞核内出现,有时在胞浆内也能见到。该病毒通过核膜或内质网膜获得囊膜而达到成熟。病毒能在兔和豚鼠的睾丸、肾、肺原代细胞上和鸡胚组织培养上生长。

本病毒在 50% 甘油盐水中 0℃ 下可保存数年;在肺水肿渗出液中于冰箱内保存,能生存 797 天以上;在 0.5% 盐酸和硫酸溶液以及苛性钠溶液中 3 分钟可被杀死,5% 石炭酸液中 2 分钟、2% 福尔马林溶液中 20 分钟可被杀死,加热 60℃ 时 30 分钟、70℃ 20～30 分钟、80℃ 时 30 分钟可被杀死。100℃ 时瞬间即能将该病毒杀死。

【流行特点】 在自然条件下,除家畜外,毛皮兽中以水貂、银黑狐、北极狐易感。作者于 1960 年曾发现貛感染本病,表现全身奇痒。鸡、鸭、鹅和人均可轻度感染伪狂犬病。实验动物中家兔、豚鼠和小白鼠易感。

从病兽和本病耐过兽的加工副产品制作的饲料,是本病的主要传染来源。感染途径主要是消化道。实验证明,喂给毛皮兽污染本病毒的饲料,特别是当口腔粘膜划破时,最易感染。此外还应注意啮齿动物对本病传播的作用。

本病的流行没有明显的季节性,以夏、秋季较多发,常暴发流行。初期病兽死亡率高,在日粮中去掉污染饲料以后,疫情很快停止。

【临床症状】 本病自然感染病例的潜伏期水貂为 5～6 天,银黑狐、北极狐、貉和貛 6～12 天。银黑狐、北极狐、貉和貛感染本病时,首先表现拒食,发生呕吐或流涎,精神沉郁,对外界刺激的反应增强。其他毛皮兽患本病时,出现眼裂和瞳孔高度收缩,用前脚掌搔抓颈、唇、颊部的皮肤,常将头及颈部的皮肤抓破。搔抓每隔 1～2 分钟发作 1 次。病兽呻吟,辗转反侧,常用后脚撑起,又重新躺下。抓伤部位不仅损害皮肤,且伤及皮下组织和肌肉。损伤的组织出血和发生水肿。病兽常常咬笼网,焦躁不安,来往走动。由于中枢神经系统损伤严重及发生脊髓炎,常引起全身麻痹或不全麻痹。发病1～8小时,病兽即在昏迷状态下死亡。

有些病兽取犬坐姿势,前肢叉开,颈伸展,声音嘶哑,咳嗽呻吟。后期病兽从鼻孔及口腔中流出血样泡沫,这类型病兽很少出现搔伤,病程2～24小时。有的病例出现呼吸困难,腹式呼吸,呼吸运动增强,每分钟达150次以上。1964年有人观察了黑貂的伪狂犬病症状,无论是自然感染病例还是人工感染病例,都不出现奇痒症状,主要表现为血液循环障碍。水貂患本病未发现搔痒和抓伤症状,病貂在出现症状前几小时,身体失去平衡,常常仰卧,用前脚掌摩擦鼻镜、颈和腹部,但未见皮肤和皮下组织损伤。病貂食欲废绝,体温升高至40.5～41.5℃,精神高度兴奋和沉郁交替出现,下颌麻痹,舌伸出口外,有咬伤,从口内流出大量血样粘液,有呕吐和腹泻,病貂站立冲撞笼壁,常倒下抽搐,头抬起来,转圈。濒死期发生胃肠臌气。公貂阴茎麻痹。有时病貂下颚、后躯及喉头麻痹,身体紧张呈阵痉性收缩,眼裂缩小和斜向,后肢不全麻痹或完全麻痹。出现临床症状后1～20小时内死亡。

【病理变化】 剖检见水貂尸体营养良好,鼻、口腔、嘴角周围有多量的粉红色泡沫样液体,舌肿胀,并有咬伤。北极狐、银黑狐和貉在颈、唇、颊部皮肤上无被毛并有抓伤,皮下组织和肌肉肿胀,出血性浸润,眼、鼻、口和肛门等天然孔粘膜呈青紫色,肚腹膨胀,腹壁紧张,尸僵不明显,血液呈黑色,凝固不良。内脏器官淤血。心脏扩张,心肌呈煮肉状。肺塌陷,呈暗红色或淡红色,在胸膜下深部有时见到斑点状出血,切面流出黑紫色静脉血或带有泡沫的淡红色血液,有较硬的稍突出于切面的暗红色或黑红色的肺组织(此组织中无气体,可沉于水中)。支气管及纵隔淋巴结稍发红。甲状腺水肿,呈胶质样,有点状出血。胃肠膨胀,此为常见的特征性病变。胃粘膜充血,并覆盖有暗褐色煤焦油样液体。

【诊　断】　本病依据特征性临床症状和剖检变化,容易做出初步诊断。最后还要靠实验室诊断、病毒分离、电子显微镜观察、血清学检查和动物感染试验来确诊。较常用的是动物试验,其操作方法是:无菌采取病兽的脑、肺、脾等(最好是脑组织)制成 1：5～10 倍的乳剂,为防止污染可按 1 毫升混悬液加 500～1 000 单位的链霉素和青霉素。混悬液离心后,取上清液 1～2 毫升给试验动物(家兔)皮下或肌内接种,经 1～5 天试验动物出现明显的搔痒症状,搔抓头部,造成局部脱毛和抓伤,最后死亡。水貂被接种后 3～4 天出现搔痒和神经症状,用舌舔鼠蹊部、背部,用前肢搔抓头部和颜面部。头搐搦,翻滚,全身间歇性抽搐,四肢不能站立,最后在昏迷状态下死亡。多数病兽咀嚼运动障碍,舌外露,流涎和呕吐。如接种动物出现上述典型症状,可判定为伪狂犬病阳性结果。

必要时采取病料送兽医检验单位,做中和试验和 PPA-ELISA 酶标试验,检出伪狂犬病的特异性抗体,亦可做出确诊。

【防治措施】　目前尚无治疗伪狂犬病的特效药物。本病暴发时,应立即停喂污染本病的饲料。对兽场进行消毒。应用抗生素控制细菌继发感染。

可试用哈尔滨兽医研究所研制的伪狂犬病 K61 弱毒苗,定期或紧急接种,也可以试用该所研制的犬瘟热、细小病毒和伪狂犬病三联弱毒疫苗,均可收到良好的预防效果。使用方法参见说明书。

七、狂 犬 病

狂犬病是由病毒引起的人兽共患传染病，广泛发生于世界各地。在自然条件下，所有家畜、大多数毛皮兽和人均能感染此病。实验动物家兔、豚鼠及鼠类易感。病毒通过咬伤伤口侵入机体，沿神经系统传播到全身，在唾液腺中繁殖。因此，唾液中含有大量病毒，病毒从唾液中排出。各种年龄的动物均可感染，多数以死亡告终。

【病原特性】 本病病原为滤过性病毒。病毒形态为多型性，在电子显微镜下主要是长杆形，还有圆形、椭圆形的。长杆形病毒颗粒呈枪弹形。目前把本病毒归为 RNA 型弹状病毒属。

本病毒感染动物后侵害神经系统，可在神经细胞中形成包涵体，又称内基氏小体。病毒分子天然毒和固定毒均可使兔死亡，对其他动物毒性小。这两种病毒在鸡胚、兔胚、大脑和肾细胞内均能繁殖。

本病毒抵抗力不强，在 20℃下可存活 2 周，45℃条件下 24 小时死亡，70℃立即死亡，太阳光下 14～20 小时死亡。在 5%漂白粉、2%苛性钠、10%熟石灰中很快死亡。对干燥和腐败有较强的抵抗力。真空干燥可保存 3～5 年，动物尸体内可保存 45 天以上。

【临床症状】 潜伏期 5～30 天，潜伏期的长短取决于咬伤部位离中枢神经的距离，越近越危险。伤口越深，出血越少者，潜伏期短，发病越快。毛皮兽发病与狗相同，多为狂暴型。根据病情发展可分为三期。

1. **前驱期（也称沉郁期）** 病兽呈现短期沉郁，卧于笼舍一角，病情不易被发现，食欲减退，精神错乱，易吞下异物、流涎。

2. 兴奋期（也称狂暴型） 表现兴奋性增高,遇到人和各种动物就乱咬,病兽常咬伤自己的舌、齿等。狗则表现力图挣脱绳索逃跑。病兽拒食,不饮水,流涎多,听觉丧失,迅速消瘦。病兽向直前方向奔跑。

3. 麻痹期 病兽后躯不稳,后肢麻痹,不能站立,体温下降,最后昏迷而死。病程 3～6 天。

【病理变化】 尸体消瘦,口腔粘膜溃疡,胃幽门部粘膜充血性糜烂,有时胃内有异物。实质脏器变性,脑膜充血,脑组织点状出血,在海马角神经细胞内有包涵体。

【诊 断】 诊断依据临床症状有高度兴奋性,精神错乱,后肢麻痹等;流行病学上有疯狗或可疑动物与毛皮兽有接触,或本地区有此病流行等;病理剖检见肾及脑的特征性病变等。根据这些变化,可作出初步诊断。最后确诊还需进行实验室检查。

1. 内基氏小体检查 取病兽大脑海马角组织,用升汞 5克,重铬酸钾 2.5克,蒸馏水 100 毫升,配制成的固定液固定,做组织切片,用苏木紫伊红染色,进行镜检,可发现神经细胞内有圆形或卵圆形红色包涵体,即为内基氏小体。也可用简单的触片法检查,将海马角切开,用载玻片做成触片,自然干燥后,滴加染色液数滴,染色 10 秒钟,水洗,干燥后镜检。内基氏小体染成桃红色,组织细胞染成蓝色。

据介绍用简单触片法的检出率,狗为 90％～95％,毛皮兽为 80％～90％,牛仅为 50％。因此,包涵体检查阴性时,还应进一步作生物学试验。

2. 生物学试验 将病兽的脑及唾液腺制成悬液,按每毫升悬液加 1 000～5 000 单位青霉素,离心处理后取上清液

0.2～0.3毫升,做小白鼠脑内接种。一般用小白鼠5～6只,接种后6～9天出现症状,症状出现后1～2天死亡。个别小鼠在接种后14～18天出现症状。

【防治措施】 本病还没有特效的治疗药物。对局部咬伤的伤口进行外科处理,局部涂10%碘酊,或3%～5%高锰酸钾液。

预防要防止猫狗进入兽场,疯狗立即扑杀,被咬伤的动物应隔离观察10天。完全没有狂犬病症状时再解除隔离。应按要求注射本病的兽用高免血清。

发生狂犬病的养兽场应严格封锁,至流行结束后两个月方可解除。严防病兽跑出场外,死亡的病兽尸体一律焚烧,不准取皮。

应用兽用狂犬病疫苗对健康兽进行预防接种。被咬伤的毛皮兽不超过8天的也可以按要求多次进行接种。

八、水貂乙型脑炎

本病又称日本脑炎,是由日本脑炎病毒引起的以中枢神经功能紊乱为特征的传染病。该病毒属于披盖病毒科黄病毒属。此病毒是引起人兽共患的流行性乙型脑炎的病原体。吸血昆虫是本病的主要传播媒介。水貂被携带有本病病毒的蚊虫叮咬后即可感染。本病常呈地方性散发,在低洼潮湿地方呈散在发生,偶见暴发流行。本病世界各地均有发生,主要发生于亚洲地区,我国也有发生。

【病原特性】 本病毒是 RNA 型病毒,呈球形。本病毒含有红细胞凝集素,能凝集鸡、鸽、鸭及绵羊等的红细胞。由于本病毒是嗜神经病毒,故常用小白鼠脑内接种做病毒分离或中和试验。本病毒对外界抵抗力较弱,56℃加热30分钟、75℃加热 15 分钟、100℃ 加热 2 分钟即可灭活。常用浓度的来苏儿、石炭酸、氢氧化钠及福尔马林等溶液在数分钟内均可杀死本病毒。此病毒能耐受低温,在 −30℃ 以下的低温冰箱中或冻干情况下,可存活数年,病料在 50% 甘油盐水中处于 4℃ 条件下可保存 3～6 个月。

【流行特点】 该病属于自然疫源性疾病,对多数毛皮兽、家畜、家禽均有感染性,但多数不呈现临床症状。野生动物中鹿和水貂有出现临床症状的报道,实验动物中以小白鼠,尤其是乳鼠最敏感,仓鼠脑内接种也极敏感。

【临床症状】 病貂发病后表现兴奋不安,在笼内旋转,跳跃,惊叫,或呈癫痫样反复发作,口吐白沫,痉挛抽搐。有的抽搐过后,后肢软弱无力,行走摇晃,或不能站立,仅靠前肢支撑。病貂食欲减退或拒食。结膜淡黄。病程长短不一,有的数分钟内死亡,有的可持续数日。

【病理变化】 皮下轻度黄染,心内膜点状出血,心肌淤血、水肿。肠系膜淋巴结肿大。肝、脾、肾略肿大。肾及膀胱有出血点。脑组织充血、出血、淤血、水肿,严重者大脑呈紫红色,脑膜呈树枝状充血,有出血斑。

组织学变化有大脑胶质细胞增生,脑膜及脑室血管外周淋巴细胞浸润,局灶性坏死,呈卫星现象和嗜神经现象。

将可疑病兽或病料,送往兽医检验单位做病毒分离和鉴定,或做酶联免疫吸附试验、荧光抗体试验,可作出准确诊断。

【防治措施】 本病是蚊媒传染病,对其预防主要抓防止蚊虫叮咬和疫苗接种。为此要加强兽医卫生管理工作,掌握时机进行灭蚊。在该病疫区试用乙型脑炎灭活苗免疫。

对发病的病貂,可放于阴凉处,保持安静,加强护理。静脉放血后注射甘露醇或山梨醇,间隔 8～12 小时注射 1 次,并在间隔期间静脉注射高渗葡萄糖液,后期静脉注射高渗氯化钠。根据病情给予氯丙嗪、异丙嗪及强心利尿剂,注射青霉素、链霉素或磺胺类药物,以预防并发感染。

九、水泡性口炎

水泡性口炎是由弹状病毒科水泡性口炎病毒引起的以口腔粘膜、舌面等处发生水泡、烂斑为特征的急性热性传染病。发生于多种家畜、毛皮兽、实验动物和人。患病动物是主要传染源。病原通过唾液、水泡液散播,经损伤的皮肤、粘膜和消化道感染。双翅目昆虫是本病的传播媒介。夏季和秋初发病较多,痊愈后具有一定程度的免疫性。

【病原特性】 本病毒呈圆柱状或子弹状,大小为150～180纳米×50～70纳米。含有单股RNA,核衣壳呈螺旋对称,病毒颗粒表面有囊膜,囊膜上密布短的纤突。病毒可在常用实验室培养细胞内生长,如鸡胚细胞、牛、猪、恒河猴、豚鼠等动物的原代肾细胞上生长,并迅速产生病变,在肾细胞单层上产生大小不等的蚀斑。本病毒经鸡胚尿囊腔、羊膜腔和卵黄囊途径接种,都能良好地繁殖。绒毛尿囊膜接种时引起痘斑样病变。受感染的鸡胚通常在接种后1～2天内死亡。此病毒经50℃30分钟,在可见光、紫外光及脂溶剂(乙醚、氯仿)作用下都能将其灭活。病毒在50%甘油磷酸盐缓冲液内(pH值7.5)可存活4个月,对0.5%石炭酸能抵抗23天,0.05%结晶紫可以使其失去感染性,2%氢氧化钠或1%甲醛液在几分钟内可灭活。

【临床症状】 潜伏期3～4天。发病初期,口腔粘膜潮红,之后在口唇及其周围、口腔内、舌、硬腭及乳房、外生殖器等处出现水泡,水泡内含淡黄色透明液体。1～2天后水泡破裂,泡皮脱落,形成边缘不整的鲜红色烂斑。此时病兽大量流涎,体温升高,精神委靡,食欲减退或废绝。如继发感染,全身症状更加严重。有的只呈隐性感染成为带毒者。耐过本病的动物对同型病毒的再感染具有坚强的免疫力。

【防治措施】 预防本病主要措施是加强饲养管理,及时隔离病兽,进行对症治疗,以防继发感染。对症治疗用2%硼酸或1%盐水冲洗患部和口腔,涂以碘甘油或撒布黄芩粉末,内服磺胺类药物,肌内注射青霉素、链霉素,对笼舍、食具等进行彻底消毒,给予新鲜、优良饲料和清洁饮水,加强饲养管理。

十、流行性脑脊髓炎

流行性脑脊髓炎,是由脑脊髓炎病毒引起的以中枢神经系统损害,并发兴奋性增高和癫痫样发作为特征的急性传染病。本病在银黑狐、北极狐群中呈地方性流行。病兽是主要的传染源。病毒从鼻、咽分泌物中排出,通过飞沫传染,健康兽食入患脑脊髓炎动物的肉以及与带毒病兽交配都可引起感染。本病主要发生在夏秋季节,8~10月龄的幼兽最易感,成兽有一定抵抗力。

【临床症状】 潜伏期4~7天,流行初期为急性经过,病兽体温升高,流鼻涕,轻度腹泻,眼球震颤,继而高度兴奋,肌肉痉挛,运动失调,常于1~2天内死亡。流行中期急性病例减少,主要表现为癫痫发作,肌肉痉挛性收缩,瞳孔散大,空口咀嚼,口流泡沫状粘液,数分钟后转为抑制状态,精神委靡,对刺激反应迟钝,眼睛发直或作转圈运动,或视力丧失,出现截瘫或偏瘫。有的仅表现精神沉郁或委靡,拒食。病程2~3天。流行末期病程较长或呈慢性经过,病兽消瘦,腹泻,母兽流产、难产或产弱仔。

【病理变化】　急性病例心内膜、肺脏、胰脏、甲状腺、肾上腺有大量点状出血,脑、脑脊髓广泛性出血。血管高度充血,有的破裂。脑室大量积液,脑组织水肿。胃、肠、膀胱粘膜、肾被膜出血。慢性病例主要为胃肠粘膜不同程度的炎症反应。

【防治措施】　有本病流行的兽场要经常检查,发现可疑动物立即隔离。对病兽进行对症治疗。可服消炎痛,每次 5～10 毫克,每日 2～3 次;0.2％盐酸士的宁 0.2～2 毫升,皮下注射;维生素 B_1 5～10 毫克,皮下注射或肌内注射;青霉素 5万～20 万单位,每日肌内注射 2～3 次。脊髓水肿时可用糖皮质激素和甘露醇。膀胱积尿、便秘时,定时导尿、灌肠、掏出积粪。至取皮季节,病兽、可疑兽,包括病兽所产仔兽、与病兽同笼饲养的其他兽全部取皮淘汰,兽场彻底消毒。

十一、轮状病毒病

轮状病毒病是由轮状病毒引起的以腹泻为特征的人兽共患传染病。毛皮兽易感。病兽及隐性带毒兽是本病的传染源。病毒存在于肠道,随粪便排出外界,经消化道感染。寒冷季节易流行。

【病原特性】　轮状病毒颗粒呈球形,直径 65～80 纳米。由三角形亚单位结构组成,为 20 面对称体。具有核心,直径约50 纳米,有双层衣壳,内衣壳的子粒在边缘呈放射状排列,形似车轮的辐条,约 20 条,外衣壳层紧贴在颗粒外缘。有一层半透明薄膜。中央部位的核心形成“蜂窝”,约 12～19 个。颗粒有实心和空心两种。具有双层衣壳的光滑型双壳颗粒有感染性,在氯化铯中浮密度为 1.36 克/毫升,没有外衣壳的粗糙单壳颗粒无感染性,其浮密度为 1.37～1.38 克/毫升,由于轮状病毒具有以上明显的形态特征,故在电子显微镜下易于辨认。

轮状病毒对酸的抵抗力较强,能耐受胃内的酸性环境。对冷冻、超声波稳定,加热 50℃可耐受。

【临床症状与病理变化】 病兽沉郁,食欲大减,行动迟缓,常于食后出现呕吐,继而发生腹泻。粪便有时带血或粘膜,多为红褐色或黄绿色,呈水样或糊状。主要病变为小肠粘膜有条状或弥漫性出血,肠粘膜脱落。

【诊 断】

1. 电镜法与免疫电镜法 腹泻时粪便中有很多病毒颗粒,可达 $10^8 \sim 10^{10}$ 个/毫升,加之该病毒很难分离培养,所以负染观察的直接电子显微镜法,是检查粪便标本中病毒的最简单和最可靠的方法。同时也可以检查出多种其他病毒。粪便提取液经超速离心后检查浓缩样品,可提高检出率。免疫电子显微镜法是借助特异性抗体捕捉病毒,观察聚集的病毒抗体免疫复合物,可提高检出率,并可根据所用抗体直接鉴定标本中的病毒。粪便标本中含 10^6 个/毫升病毒粒子时,电子显微镜检查即可得到阳性结果。这样就可达到快速诊断的目的。

2. 血清学检查 免疫荧光技术、补体结合反应、酶联免疫吸附试验(ELISA)可用于本病的诊断。

【防治措施】 ①发现病兽立即隔离,将其放于清洁、干燥、温暖、消毒过的隔离舍内,定时清理粪便及污物,定时消毒污染的用具及环境,加强对病兽的护理。②用葡萄糖甘氨酸溶液(葡萄糖 22.55 克,氯化钠 4.75 克,甘氨酸 3.44 克,枸橼酸钾 0.04 克,无水磷酸钾 2.27 克,溶于 1000 毫升水中)或葡萄糖盐水让病兽自饮,停止喂乳,进行对症治疗。投服收敛止泻剂,使用抗生素及磺胺类药物,防止继发感染。静脉注射葡萄糖、氯化钠和碳酸氢钠液。③平时加强饲养管理,保持兽舍卫生,供给富含营养和易消化的饲料,增强机体的抗病力。目前国内尚无有效预防该病的疫苗。

十二、兔病毒性出血症

本病是我国 80 年代新发现的由病毒引起的兔的烈性传染病,俗称"兔瘟",暂定名为病毒性出血症。从 1984 年 2 月以来在江苏地区流行一种具有高度发病率和死亡率的家兔传染病。传播迅猛,表现高热、白细胞数减少,出现神经症状,很快死亡。经检查证实,此病已在我国 20 多个省、自治区、市流行,造成巨大的损失。

【病原特性】 本病病原为滤过性病毒,经提纯的病毒用电子显微镜观察,病毒颗粒直径为 27.5～32.5 纳米,核衣壳的厚度为 5.5 纳米,多为球形。病毒有二种颗粒,一种为完整颗粒,约占 65%;另一种仅有核衣壳而没有核酸的不完整颗粒,约占 35%。无囊膜,能抵抗乙醚、氯仿和酸性环境(pH 值 3),在 1 摩/升氯化镁溶液中,病毒毒力稳定。本病对马、牛、绵羊、山羊、猪和其他实验动物的红细胞未见有凝集性,只凝集人类四型红细胞,而在不同毒株之间其血凝价差异很大,有的高达 1∶40 960,低的甚至不易测出。本病毒保存于 -8～-20℃冰箱内,观察 18 个月,仍然具有感染性。另外,经实验观察发现:本病毒不管血凝性如何,在毒株之间具有相同的抗原性。但是病毒分型尚未确定下来。

【流行特点】 本病对 3 月龄以上兔的易感性高于 3 月龄以下的幼兔,纯毛种家兔的易感性高于皮用和肉用的家兔,野兔也具有易感性。易感兔的性别没有差别。本病的主要特点是只感染家兔,对其他实验动物,如小白鼠、黑鼠、棕鼠、大白鼠、豚鼠、金黄色地鼠、鸡、鸭、鹅等均没有感受性。3 月龄以上的家兔发病率 95%～100%,死亡率 80% 左右,1～2 月龄的仔兔发病率和死亡率为50%左右。青年兔和断奶后的仔兔感染本病的潜伏期和病程较长,少数病例可以耐过而康复。成年兔感染本病后多呈急性经过,迅速死亡。随疾病的流行,成年兔的易感性有所降低,幼兔的易感性逐渐提高。

传染源主要是病兔、死兔的内脏、毛皮、分泌物和排泄物等,带毒兔有很大的危险性;污染本病毒的饲养用具、剪毛剪、人和动物等均可成为本病的传染源。本病的传染途径主要是呼吸道和消化道,皮下、肌内、静脉内注射也可引起感染。本病流行季节性不明显,一年四季均有发生。以春、秋和冬季寒冷时期多见。

【临床症状】 本病的潜伏期短,一般发病30～96小时死亡。根据临床症状特征可分为最急性型、急性型和慢性型三种。

1. 最急性型 死前未见明显的异常变化,病兔突然死亡。无论是自然感染或人工感染,病兔一般在30～40小时体温升高至41℃,体温升高6～8小时后死亡。血液检查见到白细胞和淋细胞明显减少。

2. 急性型 病兔食欲减退,精神委顿,不爱活动,被毛无光泽,体温升至41℃以上时,渴欲增加,迅速消瘦。一般在发病后12～96小时死亡。病兔临死前突然兴奋,挣扎,在笼内狂奔,啃咬笼架,然后两前肢伏地,两后肢支起,全身震颤,倒卧,四肢呈划船状,部分兔头扭向一侧,最后常短时间内抽搐而死亡,或惨叫几声死亡。多数病兔鼻部皮肤被碰伤,约10%病兔从鼻孔或口腔流出泡沫状血液,病兔临死前肛门松弛,肛门周围被毛沾有少量淡黄色粘液,粪球上附有淡黄色胶样分泌物。

3. 慢性型 多为3月龄以内的幼兔,潜伏期和病程较长。病兔体温升高至41℃左右,精神委顿,食欲减少,或拒食

1～2天,渴欲明显增加,被毛无光泽,迅速消瘦。多数病兔可以耐过而康复。

【病理变化】 最急性型和急性型病兔的主要病变,以全身实质器官淤血、水肿和出血为主要特征。在呼吸道中喉头及气管粘膜严重淤血,以气管环最为明显,气管及支气管内有泡沫样血液。肺严重淤血和水肿,有些病例有数量不等的粟粒大乃至绿豆大的鲜红色出血点,肺切面流出多量红色泡沫状液体。心肌淤血,心腔及附属大血管淤血,心室肌可见灰白色坏死灶。肝脏淤血、肿大,肝小叶间质增宽,肝细胞索明显,肝表面有淡黄色或淡白色条纹,切面粗糙,流出多量凝固不良的暗红色血液,少数病例有黄疸,胆囊肿大,充满稀薄胆汁。

脾脏淤血、肿大,呈紫色,有些病例有小血肿。胸腺水肿,肿大,有针尖大乃至粟粒大散在出血。肠系膜淋巴结及腘淋巴结水肿、肿大,其他淋巴结多有出血现象。

肾脏淤血,肿大,呈暗红色,有些病例肾皮质有散在性针头大暗红色出血点,并有灰黄色或灰白色坏死灶。

最急性病例胃内充满食糜,胃粘膜脱落。急性型病例胃内容物较少,胃粘膜脱落,少数病例有灰白色溃疡点,十二指肠及空肠和蚓突的浆膜下和肌层有弥漫性或散在出血点,出血点呈针头大乃至粟粒大,直肠粘膜充血,腔内有胶样粘液,肛门松弛。部分病例肠淋巴滤胞肿大,或有针头大的出血点。

怀孕母兔子宫粘膜淤血、充血和有数量不等的出血斑。有些病例子宫腔内有淤血块,胎儿死亡。盆腔周围组织和子宫浆膜有严重出血斑或凝血块,有些病例在尿道浆膜和盆腔周围组织间有凝血斑块。睾丸淤血。

脑和脑膜血管淤血,尤其有神经症状的病兔更为显著。松果体和脑下垂体有凝血块。部分病例眼球底部见血肿。母兔乳房静脉淤血,个别病例胸水量增多,部分病例皮下和肌肉淤血,并有散在性出血斑点。

慢性型病例多数可以耐过而逐渐康复,扑杀感染 96 小时后的病兔,部分病兔的肝脏有不同程度的肿胀,肝细胞索明显,在尾状核和乳头突起及胆囊部周围的肝组织有针尖大乃至粟粒大的黄白色坏死灶。肺脏有数量不等的出血斑点。病兔严重消瘦。肠系膜淋巴结呈髓样肿大。

病理组织学变化主要有脑炎、间质性脑炎、肝坏死和广泛性肾小球微粒形成以及淋巴组织萎缩变化。

【诊 断】 根据流行病学、特征性临床症状和病理形态学变化,经全面分析,容易得出初步诊断。应注意与巴氏杆菌病等作类症鉴别。为作出正确诊断,还应做实验室检验。

1. **动物接种试验** 以无菌方法采取可疑家兔的新鲜肝、脾、肾等病料,用汉克(Hank)氏液制成 1∶5～10 倍乳剂,通过离心(2 000 转/分,20 分钟),取上清液作为接种材料。实验动物选自非疫区的 3 月龄以上的家兔、豚鼠和小白鼠等若干只。接种方法及剂量:一律皮下注射,家兔 1 毫升,豚鼠 0.5 毫升,小白鼠 0.2 毫升。观察方法是在接种前测温 2 天,做白细胞计数及白细胞分类检查 1 次,接种后 24 小时内上、下午各测温 1 次,24 小时后每隔 2～6 小时测温 1 次,当出现体温升高 1～2℃时,立即采血做白细胞计数及其分类检查,每个样品最好测 2 次,求平均值。判定:被接种家兔 31～48 小时体温上升,出现特征性临床症状,在 31～81 小时内死亡。体温升高时白细胞数下降到 6 000 个/立方毫米以下。剖检不见有明显变化。其他对照动物接种不感染。具备以上变化的判为阳性。

2. **血凝和血凝抑制试验** 本病毒只凝集人类四种血型的红细胞,血凝能被特异高免血清或本病耐过兔血清抑制,可作为本病的特异性诊断手段。操作方法如下：

（1）准备　①将被检肝组织病料磨细，用生理盐水或磷酸缓冲液制成1：5倍稀释液，经2 000转/分离心10分钟，取其上清液。②用生理盐水配制人的O，A，B，AB型任何一种血型的红细胞（最好为O型血），浓度为2％。③取24孔有机玻璃板，康氏凝集管或载玻片。均在用前用清洁液浸泡1小时以上，然后用自来水反复冲洗，再用蒸馏水洗3次，晾干备用。备50微升、100微升定量采样器。稀释液一律用pH值7的生理盐水。

（2）术式

①血凝试验：用清洁干燥的24孔有机玻璃板、康氏管或载玻片。每份被检样品做倍比稀释，1：5，1：10，1：20……等（各加1滴稀释液于第一管，先作5倍稀释，然后依次倍比稀释即可）。然后在各孔中加入等量的2％人血红细胞悬液，摇匀后在37℃下感作30分钟，在室温下静置3～5分钟，观察结果。

②血凝抑制试验：用康氏凝集管或载玻片均按上述方法对被检血清作倍比稀释。然后再向各管（孔）中加入等量的4个血凝单位的病毒液，摇匀后置37℃下感作30分钟，再向各管（孔）中加入两倍量的2％人红细胞液，摇匀后静置于37℃下感作30分钟，或室温下静置3～5分钟，观察结果。

③判定：凝集度的判定标准：

100％凝集的判为　 ╫╫

75％凝集　判为　 ╫╂

50％凝集　判为　 ╂╂

25％凝集　判为　 ＋

20％以下凝集的判为　 —

按稀释倍数的倒数计算血凝价和血凝抑制价。病兔血凝价在 1：160 倍，抑制价在 1：160 倍以上。

3. 琼脂扩散试验　以 pH 值 8.6 的 Tris-盐酸缓冲液配制的琼脂板，凝固后打孔，滴入被检血清或被检样品，对应孔滴加抗原或阳性血清作琼脂扩散反应。在 37℃ 温箱中置 16 小时以上，阳性者在两孔间出现明显的白色沉淀线。

【防治措施】　本病目前尚没有特效药物。只有用脏器毒福尔马林灭活苗进行定期的或紧急免疫接种。使用证明，本疫苗安全、有效，一般在接种 7 日后，即能有效地控制本病的流行。实践证明，每年定期免疫接种 2 次，就能有效地控制本病的发生。接种方法和剂量按说明书执行。一般为颈部皮下注射 1 毫升，免疫期暂定为 6 个月。

十三、巴氏杆菌病

毛皮兽巴氏杆菌病又称出血性败血症，是由多杀性巴氏杆菌引起的水貂、银黑狐、黑貂、海狸鼠和麝鼠等的急性败血性传染病。以败血和内脏器官出血为特征。常呈地方性流行或散发，给毛皮兽饲养业带来颇大的损失。

巴氏杆菌病流行于世界各地。1958 年吉林省一个毛皮兽饲养场的水貂发生巴氏杆菌病，是由附近鸡发生禽霍乱传染给水貂的，造成数十只水貂死亡。1958 年黑龙江省一个毛皮兽饲养场曾暴发银黑狐巴氏杆菌病。1977～1979 年在山东省、吉林省的一些养兽场中均有水貂巴氏杆菌病的报道，造成严重的损失。各兔场流行的传染性鼻炎，多半由巴氏杆菌引起的。可见本病的危害是相当严重的，应引起重视。

【病原特性】　有资料表明，无论从哪一种毛皮兽、家畜或家禽分离出来的巴氏杆菌均有共同特点。在形态、培养特点、生化变化和血清学特性等方面,均没有差别,为多杀性巴氏杆菌。菌体长 0.3～1 微米,宽 0.25 微米,革兰染色阴性,涂片染色两极浓染,没有鞭毛和芽胞,有明显的荚膜。在培养物内呈圆形、卵圆形或不定长度的杆菌。

在血液及血清琼脂培养基上,生长良好,在 37℃恒温下 24 小时长出淡灰色、露珠样小菌落,菌落表面光滑,边缘整齐,透明。新分离的菌株有荧光。

另外,巴氏杆菌有一种非常重要的特性,即在色氨酸的培养基中,能产生吲哚。但只有在培养基为弱碱性,且不含有可发酵的糖类和醇类时才能将色氨酸分解成吲哚。

本病菌的抵抗力不强,干燥后通常于 2～3 天内死亡,在血液和粪便中生存也不超过 10 天,在 60℃以上的温度下,几分钟内即死亡,58℃时 20 分钟即可被杀死。但能忍受-70℃低温而不死亡。在腐败组织和土壤中,能存活 3 个月,在禽粪内存活 72 天,在谷粒内能存活 44 天。各种消毒药均能很快杀死本菌。0.02％升汞液和 5％石炭酸溶液,1 分钟内杀死。3％来苏儿、1％石灰乳和 1％漂白粉溶液,经 3～10 分钟被杀死。2％～5％福尔马林溶液 3～5 分钟均能达到消毒目的。

【流行特点】 水貂、黑貂、银黑狐、海狸鼠、兔和麝鼠等对巴氏杆菌易感。幼兽比成年兽易感,实验动物以小白鼠和鸡最易感。

本病主要传染来源是喂患有巴氏杆菌病的家畜、家禽、兔的肉类及其副产品,尤其以禽类屠宰的废物喂兽最为危险。被巴氏杆菌污染的饲料和饮水,亦能引起本病流行。

一些学者认为,巴氏杆菌和类似细菌分布很广,不但在外界,而且在健康的哺乳动物和鸟类的身体中都存在,是条件病原菌,生存在呼吸道粘膜上。若宿主的抵抗力降低,本菌即可侵入组织和血液中,引起发病。

毛皮兽通过消化道、呼吸道以及损伤的皮肤、粘膜而感染。如由饲料经消化道感染本病时,常突然发病,并很快波及大群毛皮兽。如经呼吸道、损伤的皮肤和粘膜感染时,常呈散发形式。本病没有明显的季节性,以春、夏和秋季多发,冬季少见。促进本病发生和发展的因素很多,凡能引起机体抵抗力下降的因素,都可能是发病的诱因。如长期不喂全价饲料,笼舍卫生条件不好,卫生制度不健全,各种维生素缺乏等,都会促使本病流行。另外长途运输和天气骤变,也会使机体抵抗力降低,促使本病发生和流行。

【临床症状】 本病多呈急性经过,一般病程为 12～72 小时,个别的达 5～6 天。死亡率 30%～90%。死亡率高低取决于防治措施是否及时和正确。如能及早确诊并采取有效的防治措施,可大幅度地降低死亡率。本病流行初期死亡率高,经 4～5 日后死亡率显著增加。超急性经过的病例,临床上往往见不到任何症状而突然死亡。

1. 水貂巴氏杆菌病 突然拒食,渴欲增高,呼吸困难和频数,心跳加快,个别病例在头部和颈部出现水肿,常从鼻孔中流出粘液性无色或带红色的分泌物。体温达 41～41.5℃,濒死期体温下降至 35～36℃,经消化道感染者主要表现为下痢,粪便呈液状、灰绿色,常混有血液和未消化的饲料。渴欲显著增加。粘膜贫血,消瘦。常在痉挛性发作后死亡。

2. 银黑狐巴氏杆菌病 起病突然,食欲缺乏或拒食,精神沉郁,行走摇摆。有时呕吐、下泻,粪便带有血液和粘膜。可视粘膜青紫。迅速消瘦,体重减轻。神经系统遭到侵害时,伴发痉挛和高度收缩的咀嚼运动,常在神经症状发作后死亡。还发现有心悸和呼吸频数,体温波动于 40.8～41.5℃ 之间。

3. 海狸鼠巴氏杆菌病 症状和其他毛皮兽比较略有不同。急性经过时,食欲丧失,嗜眠,步行蹒跚,流泪和流涎,6日龄仔鼠患病时流出粘液鼻漏,并混有血液。体温在 39.5～40.5℃范围内。慢性经过病例的症状为进行性消瘦,出现浆液性化脓性结膜炎,并有关节肿胀。

4. 兔巴氏杆菌病 有急性经过的,也有慢性经过的,以慢性者居多。急性病兔精神颓丧,抑郁,停止采食,呼吸促迫,体温升高到 41℃以上,常因战栗和痉挛而死亡。慢性经过的在养兔场最多见,一般病程长达数日至数月,典型症状为鼻炎,患病初期,从鼻孔中流出浆液性分泌物,以后变成粘液性化脓性分泌物,偶有喷嚏。由于分泌物刺激鼻腔和口粘膜,病兔常用前爪擦鼻,致使前爪内侧被毛粘在一起,即所谓"毛梳"。严重者鼻腔堵塞,病兔用口呼吸。侵害肺部时,呼吸促迫,体温升高,常发生腹泻,消瘦死亡。

5. 麝鼠巴氏杆菌病 主要症状为肺炎和下痢。呼吸急喘,咳嗽,如不及时治疗,很快死亡。

【病理变化】 出血性素质是本病剖检变化的重要特征。胸腔器官变化尤为明显。在肋膜、心肌、心内膜上有大小不同的出血点,肺呈暗红色,有大小不等的点状或弥散性出血斑。肺门淋巴结肿大,有针尖大出血点,气管粘膜充血,有条状出血,胸腔内有浆液性或浆液纤维素性渗出物,水貂及银黑狐有甲状腺肿大、水肿和表面点状出血。肝脏增大,呈不均匀紫红色或淡黄色,切面多汁,外翻。脾脏肿大。海狸鼠肺增大 2～5倍,呈暗樱桃红色,肾脏充血,皮质带有点状出血。银黑狐、海狸鼠肾上腺增大,呈暗红色,切面多汁。水貂和银黑狐淋巴结肿大、充血,切面多汁,胃粘膜有点状或带状出血,有时出现溃疡,小肠粘膜有卡他性或出血性炎症,肠管内(特别是水貂)常混有血液及大量的粘液,粘膜充血。银黑狐有时出现显著的黄疸。海狸鼠急性巴氏杆菌病病例,常伴发皮下组织胶样浸润,呈浅灰色。慢性经过的病例内脏器官常有不同程度的坏死区。

病理组织学变化的特征为各器官显著充血和渗出性出血。慢性病例内脏器官有坏死性和颗粒脂肪变性变化。

【诊　断】　根据流行病学特点、临床症状和病理解剖及组织学变化,只能作为初步诊断的指征,还不能作出最后确诊。毛皮兽的许多疫病和巴氏杆菌病有相似症状,确诊必须进行细菌学检查。

细菌学检查最好采取濒死期或新死亡的毛皮兽心血、肝、脾制成涂片,用美蓝或革兰染色法,镜检发现两极浓染的革兰阴性球杆菌,即可初步诊断为巴氏杆菌病。巴氏杆菌常为条件性致病菌,正常动物体内大多有巴氏杆菌存在,因此,只发现巴氏杆菌仍不能确定巴氏杆菌病,还必须进行动物试验。动物试验方法是将上述病料制成 10 倍稀释乳剂,给小白鼠或健康家兔接种,如接种动物在 18～20 小时发病死亡,并从试验动物的内脏器官中分离到巴氏杆菌,才能最后确诊。

毛皮兽巴氏杆菌病与副伤寒、犬瘟热、伪狂犬病和肉毒中毒病的症状在有些方面相类似。经仔细分析和检查,也不难区别。副伤寒主要发生于仔兽,常在皮下及骨骼肌上发生显著黄疸。海狸鼠剖检见有大肠粘膜溃疡。细菌学检查能分离到副伤寒病原体。犬瘟热为高度接触性传染病,有典型浆液性化脓性结膜炎。侵害神经系统,伴有麻痹和不全麻痹。水貂常发生脚掌肿胀。伪狂犬病,银黑狐有典型头部搔伤,病兽啃咬笼网,有呕吐和流涎。水貂眼裂收缩,用前脚掌磨擦头部皮肤。病兽脏器悬液接种家兔,经 5 天出现特征性搔伤而死亡。肉毒中毒在头 1～2 天发生大批死亡,内脏器官缺乏出血性变化,特征是肌肉松弛，瞳孔散大。

【防治措施】　为预防本病的发生，毛皮兽饲养场要严格检查饲料，特别是禽类副产品饲料，发现本病菌污染，要坚决除去，对可疑饲料，一定要煮后再喂。要建立健全的卫生防疫制度，定期消毒，严防鸡、猫、猪进入兽场。

发现兽场周围有畜、禽巴氏杆菌病流行时，对所有毛皮兽应进行紧急预防接种。发生可疑巴氏杆菌病时，应及时对所有毛皮兽进行抗巴氏杆菌病高免血清接种。

本病发生后要彻底清除病原，除去可疑肉类饲料。病兽和可疑病兽立即隔离治疗。被污染的笼舍和用具要严格消毒，死亡的病兽尸体及病兽粪便应烧毁或深埋处理。

治疗本病首先要改善饲养管理，从日粮中排除可疑饲料，投给新鲜易消化的饲料，如鲜肝、乳和蛋等，以提高机体抵抗力。特效治疗是注射抗巴氏杆菌病高免单价或多价血清，成年银黑狐皮下注射 20～30 毫升，1～3 月龄幼仔狐注射 10～15 毫升；成年水貂和黑貂皮下注射 10～15 毫升，4 月龄幼貂注射 5～10 毫升。

早期应用抗生素和磺胺类药物具有良好的治疗效果，剂量按体重计算，青霉素用量为 2.5 万～10 万单位/千克体重，链霉素为 3 万单位/千克体重，土霉素为 2.5 万单位/千克体重，肌内注射，每天 2～3 次，连续注射数天。

十四、沙门氏杆菌病

沙门氏杆菌病又称副伤寒，是银黑狐、貉、水貂以及海狸鼠的急性传染病。本病以高热、胃肠道功能障碍、脾脏急性肿大和肝变性变化为特征。

本病在许多养兽场中常以散发病例出现，若饲养管理不良,卫生防疫工作做得不好,也可引起大流行。犬瘟热和传染性肠炎病兽常并发或继发本病。1958年黑龙江省的一个养兽场,在新引进的银黑狐和北极狐群中本病暴发流行,发病率达85%,北极狐的病兽死亡率达44.5%。1985年秋哈尔滨市一个养兽场的貉群中也曾发生暴发流行,经用灭活菌苗紧急接种,才迅速扑灭疫情。

毛皮兽副伤寒主要的传染源是含有副伤寒杆菌的肉类和乳类饲料,特别是从扑杀患副伤寒的病畜和耐过本病的动物(如牛、马、羊、山羊等)体中取来的肉类饲料最为危险。毛皮兽抵抗力降低时吃了这些饲料,就可能引起本病的暴发流行,并可引起大量死亡。被本病病菌污染的水也是传染源,另外,啮齿动物、家禽、苍蝇等均为传染媒介,有时耐过本病的母兽(带菌者)也可成为传染源。

副伤寒杆菌一般是经消化道感染,也可能在胎内感染,使仔兽衰弱。能增加副伤寒易感性的因素有换牙、严重的蠕虫侵袭(如钩虫)、仔兽断乳(从母乳哺育变为单独喂养)而饲料成分和质量又不能满足机体生长发育需要时。另外,喂养制度与卫生制度遭到破坏、动物过于密集、天气急剧变化、受寒以及伴发严重腹泻的胃肠炎等,均为本病流行的条件。

副伤寒是季节性疾病,一般发生于6~8月份,冬季少见。孕兽感染本病时可能造成大批流产、死胎,或仔兽生后2~5天内大批死亡。

【病原特性】 银黑狐、北极狐、黑貂和水貂患本病的病原体多半是肠炎杆菌和猪霍乱杆菌,貉的副伤寒为乙型副伤寒杆菌,海狸鼠的副伤寒多为鼠伤寒杆菌所引起。所有这些病菌的形态都是一致的,都是有鞭毛、不形成荚膜和芽胞的小杆菌,有活动性,其长度为0.5~2微米,宽度为0.2~0.7微米,对苯胺染料易于着色,着色不均匀,为革兰染色阴性。这些副伤寒杆菌,在阴干条件下能长期保持生活力,对$-4 \sim -20℃$的寒冷条件也可以耐受。用普通消毒剂,如漂白粉、石炭酸、来苏儿、升汞等均能较快地将其杀死。银黑狐和北极狐最易感,貉、水貂、黑貂和海狸鼠稍具抵抗力,$1 \sim 2$月龄仔兽及衰弱、发育不良的仔兽最易感染。哺乳期仔兽和成年兽很少感染,从病兽中分离到的本属病原菌,对小白鼠和家兔具有很高的致病性,皮下、腹腔或静脉注射本病菌培养物时,实验动物在$2 \sim 6$天开始死亡,其中猪霍乱病原菌病原性最高。

【临床症状】 本病潜伏期幅度大,银黑狐、北极狐$2 \sim 10$天,黑貂、水貂$2 \sim 5$天。初发病例症状为拒食,精神沉郁,体温升高到$41 \sim 42℃$,有时见到神经性抽搐,被毛松乱,无光泽,眼窝陷入,有时见脓性眼分泌物。病兽咳嗽,胃肠功能障碍明显,呕吐,粪便呈粥状或水样,常混有大量粘液,有时带血。病兽四肢软弱,支撑不住身体,特别是后肢,步行蹒跚,常躺卧。少数病例后肢麻痹。可视粘膜高度黄染。病兽迅速衰弱,大部分经$7 \sim 14$天死亡。死亡率达$40\% \sim 60\%$。

【病理变化】 尸体高度瘦削,常见明显的全身性黄疸,胃肠粘膜肿胀,肠管稍粗大,有时出现出血,肝增大$2 \sim 3$倍,呈暗赤带黄疸色或土黄色,质稍脆弱,肝表面鲜艳,小叶像消失,胆囊充满浓稠的粘液和胆汁。脾脏增大达正常的$6 \sim 8$倍,有时达$12 \sim 15$倍,被膜紧张,质体松软,呈暗褐色或深红色,有的呈现不均匀颜色。肝、脾门淋巴结增大$2 \sim 3$倍,呈灰色,切面平坦。肾稍增大,呈灰赤色,有时带黄色,有小出血点。膀胱空虚,粘膜有时见个别的小出血点。心、肺绝大多数没有明显变化。脑髓、脑膜水肿。血管充盈,大脑实质水肿,侧脑室有时见到大量积液。

【诊　断】　根据临床症状及剖检所见,可以得出初步诊断。最后还必须靠实验室进行细菌学检验,以确定菌型,不同动物或同种动物,也可能感染不同型的副伤寒杆菌。在临床上应注意与大肠杆菌病、犬瘟热及脑脊髓炎鉴别。本病还容易发生混合感染或继发感染。

【防治措施】　预防本病,可采取如下措施:

1. **预防接种**　发现本病后,应对无临床症状的毛皮兽全部进行免疫血清接种。血清注射量为治疗量的一半。然后再进行本病灭活菌苗预防接种。发生过本病的养兽场,应每年定期进行 1 次预防接种。

2. **隔离消毒**　病兽和可疑病兽全部隔离,对笼舍和小室进行彻底消毒。

3. **切断传播途径**　防止带入传染源,饲料的采购和使用要实行严格的监督,加强饲养管理,提高毛皮兽的抗病能力,养兽场要清除啮齿动物、苍蝇、野狗和野猫。对所有耐过病兽作淘汰取皮处理。

治疗本病首先要改善饲养管理,给予优质易消化的饲料,如鲜肉、肝、血及乳等,对已确诊感染肠炎杆菌型副伤寒的病兽,可注射犊牛的抗副伤寒血清,已确诊为猪霍乱杆菌型副伤寒的病兽,可注射抗小猪副伤寒血清。血清治疗越早效果越好。血清剂量:狐、貉成年兽为 10～30 毫升,仔兽减半;水貂、黑貂、海狸鼠成年兽为 5～10 毫升,仔兽酌减。可试用土霉素和金霉素,环丙沙星及恩诺沙星,剂量可按 0.02 克/千克体重计算。也可以利用病兽内脏的液体培养物进行药敏试验,选择高效的抗菌治疗药物。进行对症治疗,如补液、强心及加强营养等。

十五、大肠杆菌病

本病为幼龄毛皮兽常发的传染病。在临床上引起败血症，伴有严重下痢，也侵害呼吸器官和神经系统，成年母兽患此病常引起流产和死胎。本病在我国各地均有发生，并常和犬瘟热、传染性肠炎等病毒病混合感染或继发感染。

【病原特性】 本病的病原体为大肠杆菌。本菌有 200 余种血清型。各型的致病性多不相同。本菌有些血清型对毛皮兽具有致死性。

1966 年和 1969 年苏联有人从水貂、北极狐和银黑狐中分离出大肠杆菌的血清型，分别为 O_{25}，O_{26}，O_{30}，O_{111}，O_{119}，O_{124}，O_{125}，O_{127}，O_{128}。

1964 年有人研究证明，海狸鼠的致病性大肠杆菌为 O_{86}，O_{26}，O_{55} 和 O_{111}，基本与幼畜致病性相一致。

本菌为需氧或兼性厌氧菌，在一般培养基上能生长，15～45℃温度下可生长发育，以 37℃ 最为合适。在 pH 值 7.4 的琼脂培养基上，经 24 小时培养，长出圆形、微隆起、湿润、透明的黄白色小菌落。在肉汤培养基中发育丰盛，使培养基异常混浊，形成浅灰色沉淀，在远藤、麦康凯培养基上形成带有金属光泽的红色菌落。在形态、培养特性及生化反应上，与人、畜的大肠杆菌相同。菌体长 1～3 微米，宽 0.6 微米，为两端钝圆的短棒菌。在体内呈球菌状，常单在或成短链排列，不形成荚膜和芽胞，有运动性，易为苯胺染料着色，革兰染色阴性。生化反应能分解葡萄糖、乳糖、麦芽糖和蔗糖，产酸产气，个别菌株不分解蔗糖，不产生硫化氢，不液化明胶，不产生尿素，产生靛基质，能凝固牛乳，将硝酸盐还原为亚硝酸盐。

近来我所应用生物工程原理试制了猪大肠杆菌 K_{88} 工程

菌苗,通过推广试用,对仔猪黄痢的预防收到了良好效果。

本菌抵抗力不强,一般消毒药(石炭酸、升汞、福尔马林)5分钟即可杀死。45℃经1小时,60℃经15～30分钟也能杀死本菌。在半固体琼脂培养基内上面覆盖凡士林油层,可存活3年以上。

【流行特点】 在自然条件下,10日龄以内的银黑狐和北极狐最易感,海狸鼠次之。水貂及黑貂仔兽在哺乳期对本病有较强的抵抗力,在断乳期,易感性增高。

本病常自发感染。因为在健康的毛皮兽体内有本菌存在,机体抵抗力下降时,肠道内的大肠杆菌就很快地繁殖起来。使毒力不断增强,进而破坏肠道屏障,侵入血液内,而引起发病。母兽在怀孕期和泌乳期饲料营养不全时,使仔兽发育不良,断奶后饲料质量不良和不全价饲养易引发此病。此外饲料种类急剧变化、仔兽培育期不卫生(小室潮湿等)、缺乏垫草、草质不好、不执行隔离和消毒制度等,都会招致机体抵抗力降低,促进本病的发生和发展。

【临床症状】 水貂和黑貂患本病的潜伏期3～5天,银黑狐和北极狐为2～10天。

仔兽患本病,早期表现不安,被毛蓬乱,不断尖叫。病兽被毛常被粪便污染,肛门部尤为明显。常从肛门排出稠度不均匀的液状粪便,粪便呈绿色、黄绿色、褐色或黄白色。多数病例粪便中有未消化的凝乳块,并混有血液、气泡和粘液。出现上述症状后1～2天,仔兽精神委靡,常躲在小室内,不愿活动,发育明显落后,母兽常把发病仔兽叼出,放在外面的笼网上。也有的发病仔兽不出现下痢症状,表现为高度兴奋或痉挛。

日龄稍大的仔兽患病后症状逐渐出现,食欲减退,消瘦,活动减少,持续性腹泻,粪便呈黄色、灰白色或暗灰色,混有粘液,严重时排便失禁。病兽眼窝下陷,背拱起,后肢站立不稳,步行摇摆,极度虚弱,被毛蓬松,无光泽。个别病兽呈脑炎症状,表现兴奋或沉郁,虽仍有食欲,但寻找母乳和饲料的能力降低或消失。病兽额部被毛蓬松,头盖骨异常突出,容积增大。角膜反射降低,四肢不全麻痹。后期运动失调,精神痴呆,病兽呈持续性痉挛或昏迷状态。

母兽在妊娠期患本病发生大批流产和死胎。病兽精神沉郁或不安,母貂有发生乳房炎的,死亡率较高。此时从病死貂内脏中可分离到大肠杆菌和金黄色葡萄球菌。

毛皮兽大肠杆菌病主要呈急性或亚急性经过,脑炎型发生于个别慢性型病例中。死亡率在2%～90%之间。如积极治疗,死亡率有可能降低。脑炎型预后不良。海狸鼠和黑貂的大肠杆菌病常成为毁灭性疾病。

【病理变化】 肠管内有粘稠液体,呈黄绿色或灰白色。粘膜肿胀充血,有出血点,但出血性肠炎较少见。慢性病例肠管变薄、贫血,肠系膜淋巴结肿大,呈暗绿色,切面多汁。脾一般无变化,个别情况下肿大出血。肺脏颜色不一致,有暗红色水肿区,从切面流出淡红色泡沫样液体。气管和支气管内也含有此类液体。心肌呈淡红色,心内膜下有点状或带状出血。肝呈土黄色,表面有出血点。个别病例肝内充满血液。肾呈灰黄色,有时带紫色,包膜下出血。

侵害神经系统的病例,头盖骨变形,脑充血、出血,脑室常聚集化脓性渗出物或淡红色液体。有的病例在软脑膜内有灰色病灶。脑实质变软,呈面团状硬度,切面有许多软化灶。脑水肿与化脓性脑膜炎常见于北极狐和银黑狐的仔兽。海狸鼠病兽的剖检变化特点是关节水肿,胸腔有血样渗出物,气管和支气管内有大量含泡沫的液体。

【诊　断】　根据流行病学、临床症状和病理剖检变化只能作出初步诊断,最后确诊还有待于细菌学检查。北极狐和银黑狐仔兽的化脓性脑膜炎和脑积水病例,完全可以根据临床症状特点和病理剖检变化作出准确的诊断。

大肠杆菌病和副伤寒在很多方面有相似之处,应注意鉴别。

细菌学检查应从未作抗生素治疗的病例中采取病料,否则会影响检验结果。可从心脏、血液、实质脏器和脑实质中采取样品,进行本菌的分离纯培养。同时要做动物实验、豚鼠红细胞凝集反应检查本菌的毒力情况。因为有非致病性大肠杆菌混淆一起,最好用标准血清鉴定菌型。

【防治措施】　加强饲养管理,喂嗜酸菌乳对预防大肠杆菌病有很好作用,可以试用。培养健康兽群、落实综合性卫生防疫措施,具有重要意义。在留用种兽时要严格选择,淘汰流产或仔兽死亡的母兽,病兽的同窝仔兽也不能留作种兽。

治疗本病首先应除去被病菌污染的饲料,用筛选认定效果好的抗血清加新霉素治疗,可获得满意的效果。处方是血清200 毫升,新霉素 5 万单位,维生素 B_{12} 2 000 微克,维生素 B_1 30～60 毫克,青霉素 5 万单位。上述处方对 1～5 日龄仔兽皮下注射 0.5 毫升,日龄大的仔兽注射 1 毫升或以上。也可以按每千克体重服链霉素 0.01～0.02 克,有较好的效果。

1989 年笔者在江苏一个水貂场用从水貂大肠杆菌病病例中分离到的菌株,进行了药敏试验,结果表明高敏药物为庆大霉素,抑菌圈直径达 22 毫米,其次是新霉素及氯霉素,抑菌圈均为 16 毫米;中敏药物(抑菌圈直径 10～15 毫米的)有链霉素及痢特灵和土霉素;青霉素及磺胺嘧啶均为低敏药物,抑菌圈直径仅 5 毫米;其他抗菌药物不敏感。对患大肠杆菌病的貂投服庆大霉素 7 天后,即扑灭了疫情。

十六、双球菌病

双球菌病是由粘液双球菌引起的以脓毒败血症经过为特征的急性传染病。本菌侵害多种动物,水貂、银黑狐、北极狐等毛皮兽对本病易感,成年母兽常在妊娠期发病,引起大批流产和仔兽死亡。幼龄兽任何时候都可发病,尤其在抵抗力低下时,易感性更高。病兽、带菌者及患该病死亡或急宰动物的尸体是本病主要传染源。病原经消化道、呼吸道感染,或通过胎盘感染。

【病原特性】 本菌菌体较大,直径 0.5～1.25 微米,典型的呈矛头状,成双排列,无芽胞,也无鞭毛。革兰染色阳性。在陈旧培养物中,菌体常呈革兰染色阴性。本菌为兼性厌氧菌,最适温度 37.5℃,最适 pH 值为 7.6～8,在酸性环境中,易死亡。对营养条件要求较高,必须在含有血液或血清培养基上才能生长。血液琼脂培养 24 小时,可形成圆形、光滑、扁平、透明或半透明、有光泽的细小菌落。血清肉汤中培养 16～20 小时后,呈均匀混浊,培养稍久,由于酸性凝集或自溶,可使液体变为澄清,于管底处留有菌体沉淀物。本菌对外界环境的抵抗力不强,加热 56℃经 10 分钟即被杀死,在 3％石炭酸、0.1％甲醛溶液中 1～2 分钟即可杀死。在培养基上的细菌经数天死亡,必须经常传代移植。病料中的细菌于冷暗处常可存活数月之久。本菌对青霉素、金霉素、土霉素及磺胺类药物敏感。

【临床症状】 潜伏期 2～6 天。新生仔兽感染后表现出血性败血症,或无特征症状。较大日龄动物感染后,精神委靡,步态不稳、拱背、摇头,不自主地转头倾斜,或较长时间躺卧,呻吟,鼻、口流出含血样泡沫分泌物,个别的下痢,成年母兽流产，胎儿常发育不良，或产出干硬、污软的死胎。

【病理变化】 肺肿大、出血、充血，硬结或塌陷，气管、支气管内有含血液及纤维素性渗生物。心包、胸腔和腹腔有脓性渗出物和出血，浆膜上附有纤维素细丝和薄膜。淋巴结肿大。肝脏肿大，表面呈土黄色条纹，流产母兽子宫壁变薄，子宫粘膜发炎，被覆脓性、纤维素性渗出物。

【诊　断】 除根据临床症状作出初步诊断外，主要应做实验室检查。根据不同症状，采取不同病料送检。常采取呼吸道分泌物、血液、肺等病料。

1. 细菌学检查　病料直接涂片或接种于培养基上。涂片用瑞氏或美蓝染色，镜检。根据菌体形态、菌体排列，可作出初步诊断。

2. 病原分离培养　将病料接种到血液琼脂、血清肉汤培养基中，根据菌落特征和生长状况，以及涂片镜检来判断，并进一步做病原血清学鉴定。

3. 小白鼠致病力试验　取细菌分离培养物液体 0.1～0.5 毫升，注入小白鼠腹腔或皮下，有毒力的致病性双球菌可使小白鼠于 12～36 小时发生败血症而死亡。再取其内脏进行纯菌培养和涂片检查验证。

【防治措施】 加强饲养管理，提高机体抵抗力，健全饲料卫生管理制度，是预防本病的关键。一旦兽群发病，应立即隔离病兽，并进行治疗。可皮下注射犊牛或羔羊抗双球菌病高免血清 5～10 毫升/只，1 天 1 次，连用 2～3 天。也可用金霉素及土霉素等敏感的抗生素进行治疗。立即停止饲喂可疑为双球菌污染的肉、奶等，饲料中添加鲜肉、鱼等。

十七、布氏杆菌病

布氏杆菌病是由布氏杆菌属的细菌引起的人、畜和毛皮兽共患的慢性传染病。该菌侵害生殖器官，引起母兽不育、流产，新生仔兽死亡及公兽睾丸炎，并以周期性波状热为特征。毛皮兽中以水貂、银黑狐、北极狐、貉等易感。病兽及带菌兽是本病的传染源，饲喂感染布氏杆菌病的牛、羊内脏及下脚料、乳品等，都可引起感染。病菌可通过母兽乳汁、流产胎儿及阴道分泌物排菌，患病公兽通过精液排菌，本病主要经消化道感染，也可通过皮肤和生殖道感染。成年兽感染率较高，幼兽发病率较低。

【病原特性】 布氏杆菌属有 7 个种型，其中能感染毛皮兽的主要是牛型、羊型、猪型和犬型布氏杆菌，各型布氏杆菌在形态上没有区别，只是在致病力方面有所不同。本菌为细小的球杆菌或短杆菌，为 0.6～1.5 微米×0.5～0.7 微米大小，无鞭毛、不能运动、无芽胞，在条件不利时有形成荚膜的能力，革兰染色阴性。病料抹片呈密集菌丛，以改良抗酸染色法染成红色，背景和其他菌染成蓝色。

布氏杆菌在普通培养基上可以生长，但以肝汤和马铃薯培养基上生长最茂盛。

本菌对环境抵抗力较强，在体外能存活很长时间仍具有传染性。在土壤中能存活 20～120 天，在水中能存活 72～100 天，在乳汁中存活 10 天，在阴暗处和胎儿体内能存活 6 个月，在毛皮上能存活 150 天。但对高温条件抵抗力较弱，100℃加热数分钟内死亡。1%～3%石炭酸液、克辽林液、来苏儿液、0.1%升汞液，2%福尔马林或 5%生石灰乳均能在 15 分钟内将其杀死。该菌对卡那霉素、庆大霉素、链霉素、氯霉素、土霉素等均敏感。对青霉素不敏感。

【临床症状】 大多数以隐性感染经过。人工感染银黑狐潜伏期4～5天,主要表现为全身发热性症状。银黑狐、北极狐主要表现为母兽流产,体温升高,或产弱仔、死胎或产后不育。病期食欲下降,个别病兽出现化脓性结膜炎。水貂在静止期无明显临床症状,仅表现空怀率增高,流产、新生仔兽易死亡。

【病理变化】 妊娠中后期死亡的母兽,子宫内膜有炎症或糜烂的胎儿。外阴部有分泌物附着,淋巴结和脾脏肿大,肝脏充血,肾脏有点状出血。个别公兽出现睾丸炎。

病理组织变化主要为淋巴样细胞和多核细胞增生。

【诊　断】 由于本病临床症状不具特征,病理解剖变化也不明显,所以主要靠细菌学及血清学检查来诊断。

1.细菌学检查 采取胎衣、胎儿的胃内容物,母兽阴道分泌物或有病变的肝、脾、淋巴结等组织,制成涂片,用改良的柯氏染色法或改良抗酸染色法染色。改良柯氏染色法在抹片干燥后用火焰固定;以碱性浓沙黄液染色1分钟(染液为饱和沙黄水溶液2份与1摩尔/升氢氧化钠1份混合而成),水洗,以0.1％硫酸脱色15秒钟,水洗,用3％美蓝水溶液复染15～20秒钟,水洗,干燥后镜检。布氏杆菌被染成橙红色,背景为蓝色。改良抗酸染色法先抹片,干燥后用火焰固定,用石炭酸复红原液作1∶10倍稀释,染色10分钟,水洗,用0.5％醋酸迅速(不得超过30秒钟)脱色,水洗,1％美蓝液复染20秒钟,水洗,干燥镜检。布氏杆菌染成红色,背景为蓝色。

2.血清学检查

(1)补体结合反应　本反应对布氏杆菌病有很高的诊断价值,无论对急性或慢性的病兽都能检查出来,其敏感性比凝集反应高。但操作复杂。一般毛皮兽发生流产后1～2周采血检查,可提高检出率。

(2)凝集反应 在本病诊断中应用最广的是试管凝集试验,此外平板凝集试验也较常用。试管凝集反应是用生理盐水倍比稀释,血清取 1∶25,1∶50,1∶100,1∶200,然后用每毫升含 100 亿菌的布氏杆菌抗原作反应。最后判定,血清凝集价在 1∶25(＋)时,判定为疑似反应;在 1∶50(＋＋)时判为阳性反应。疑似反应病例,经 3～4 周后,采血再作凝集反应试验。

【防治措施】 加强检疫,发现病兽立即隔离或扑杀。目前尚未研制出用于毛皮兽的菌苗,因而免疫还存在一定的困难。对被病兽污染的笼舍、地面、用具应彻底消毒,流产胎儿、胎衣、羊水及阴道分泌物要妥善消毒或深埋。严格检查肉类、乳类饲料,可疑饲料需蒸煮后饲喂。加强饲养人员及有关人员的自身防护,进行预防接种。

十八、李氏杆菌病

李氏杆菌病是由单核细胞李氏杆菌引起的家畜、家禽和野生动物以及人共同感染的急性传染病,本病以败血经过并伴有中枢神经系统病变为特征。银黑狐、北极狐、貂、毛丝鼠、海狸鼠对李氏杆菌易感,幼兽更易发病。患病和带菌动物是本病的主要传染源。给动物喂患李氏杆菌病的畜禽肉、加工下脚料及受污染的其他饲料和饮水,都可引起感染。鼠类和野禽是本病的自然疫源。发病无明显的季节性,多在春、夏季节呈地方性流行或散发。

【病原特征】 李氏杆菌为两端钝圆平直或弯曲的小杆菌,不形成荚膜和芽胞,菌体长 1～2 微米,宽 0.2～0.4 微米,多数情况下呈粗大棒状,单独存在,或呈 V 字形或短链排列,具有一根鞭毛能运动。易被苯胺染料着色,革兰染色阳性,在老龄培养物上易脱色。

本菌为需氧及兼性厌氧菌,培养温度 37℃,pH 值 7～7.2,在普通培养基上能生长,肝汤及肝汤琼脂培养基上生长良好。菌落圆形,光滑平坦,粘稠透明,乳白黄色,于血液琼脂培养基上呈 β 型溶血,在肉汤内微混浊,形成灰黄色颗粒沉淀。

李氏杆菌具有较强的抵抗力,秋冬时期,在土壤中能存活5 个月以上,在冰块中可存活 5 个月至 2 年半,肉、骨粉中存活 4～7 个月,在皮张内存活 62～90 天,在尸体内存活 45 天至 4 个月。本菌对高温抵抗力较强,100℃经 15～30 分钟,90℃经 30 分钟死亡。用琼脂培养物制成的菌液于 60～70℃经 5～10 分钟,55℃经 1 小时死亡。2.5％石炭酸溶液 5 分钟,2.5％氢氧化钠溶液 20 分钟,25％福尔马林溶液 20 分钟,75％酒精 75 分钟均能被杀死。李氏杆菌在 0.25％石炭酸防腐的血液内可存活 1 年以上。

【临床症状】 幼狐发病后食欲减退或完全拒食,出现结膜炎、角膜炎、鼻炎。后期呕吐,排血粪便,兴奋与沉郁交替出现,兴奋时表现运动失调,后躯摇摆或后肢麻痹,咬肌、颈部和枕部肌肉震颤,痉挛性收缩,颈部弯曲,有时向前伸展或向一侧或仰头。部分病狐出现转圈运动,到处乱撞,采食时颈、颊肌肉痉挛,从口中流出粘稠的液体。成年兽除有上述症状外,还伴有咳嗽、呼吸困难,呈腹式呼吸,病程 3～4 天,有的长达1～4 周。

水貂发病突然拒食,不愿活动或运动障碍,体温升高,6～10 小时死亡。妊娠水貂患李氏杆菌病时突然拒食。运动失调,多卧于小室内,经 6～10 小时死亡。

毛丝鼠李氏杆菌病多侵害神经系统。出现失明和惊厥,亦可侵害内脏器官,特别是肝脏和肠管,导致腹泻和消化功能紊乱。

海狸鼠患李氏杆菌病时出现发热,体温高达39℃以上,拒食,精神委靡。

【病理变化】 死于李氏杆菌病的银黑狐有化脓性、卡他性肠炎,个别的出现出血性胃肠炎。脾脏肿大,切面外翻。肾脏有特定的出血斑或出血点。膀胱粘膜有出血点。死于本病的北极狐心肌呈淡灰色,心外膜有出血点,心包内有纤维素凝块和淡黄色心包液。甲状腺增大,出血,呈黑褐色。肺淤血性充血。肝脏呈土黄色,充血,出血。胃粘膜有卡他性炎症。膀胱粘膜有出血点。脑血管充盈明显,脑实质软化、水肿。

死于本病的海狸鼠心脏肥大。脾脏增大1.5倍,被膜下有灰白色坏死灶。肝脏增大,呈暗红色。

水貂死后心外膜下有出血点。肝脏脂肪变性,呈土黄色或暗黄红色,被膜下有出血点和出血斑。脾脏增大3~5倍,有出血点或出血斑。肠粘膜有卡他性炎症。

【诊 断】 本病临床症状特征不明显,主要靠实验室诊断来确诊。

1. **细菌学检查** 采用血、肝、脾、肾、脑、脊髓的病变组织触片或涂片,革兰染色,镜检,可见呈 V 形排列或并列的小杆菌。将检查样品接种于用兔血琼脂平板培养基、0.05%亚硒酸钠蛋白胨琼脂平板培养基上培养后,挑取典型菌落进行鉴定。做生化反应时注意与猪丹毒杆菌的区别。

2. **动物接种** 取病料乳剂(1:5~10)或血清肉汤培养物接种小白鼠(皮下或腹腔)、豚鼠和家兔(点眼及肌注),一般于接种后1~6天死亡。点眼的豚鼠和家兔生前可见眼结膜炎和角膜炎,剖检见肝、脾有坏死灶。

3. 凝集反应、补体结合试验　也可用于诊断本病。

【防治措施】　预防李氏杆菌病,平时应注意防疫、检疫工作,加强饲养管理。对作饲料用的羊、猪屠宰副产品要进行细菌学检查,可疑饲料必须煮沸后再喂。经常开展灭鼠活动,防止野禽和啮齿动物进入兽场。

本病一旦发生,应立即隔离病兽,尽快作出诊断,及时治疗。对本病目前尚无特效的治疗方法。可用新霉素 5～25 毫克/只,混于饲料中饲喂,每日 2～3 次;青霉素 5 万～20 万单位/只,肌内注射,1 日 2 次,连用 3～5 天;口服磺胺类药物,并辅以对症治疗。这些对控制本病蔓延有一定效果。

十九、绿脓杆菌病

绿脓杆菌病又称出血性肺炎,是由绿脓假单胞菌(又称绿脓杆菌)引起的以出血性肺炎和肺水肿病变为特征的,高度接触性急性传染病。水貂、貉、狐、毛丝鼠等动物均易感。绿脓杆菌广泛分布于土壤、水、空气以及动物的肠道内和皮肤上。该菌是动物体常在菌,为条件致病菌,机体抵抗力降低时,可引起感染。本菌能产生水溶性的绿脓素和荧光素,可使培养物和脓汁、渗出液等病料带绿色,故而得名。本病菌污染的肉类饲料、患病和带菌动物及带菌的蚕蛹是本病的传染源。本病的发生无明显的季节性,在 8～11 月份动物换毛期间常呈地方性流行,给水貂和毛丝鼠饲养业造成较大的损失。

【病原特性】　本菌为两端钝圆、细长的中等大杆菌,长1.5～3 微米,宽 0.5～0.6 微米,具有 1～3 根鞭毛,无芽胞、无荚膜,多数呈散在或成对状态,或形成短链,在肉汤培养基中,可见到长丝形态,运动活泼,革兰染色阳性。

本菌为需氧或兼性厌氧菌,对营养不苛求,在普通培养基上生长良好。在肉汤培养基上于 37℃,pH 值 7.2 的条件下,经 2～3 天培养,即出现均等混浊,培养物呈黄绿色,液体上部的菌体发育更为旺盛,形成一层厚菌膜。在普通琼脂平板上,可形成光滑、微隆起、边缘整齐或波状的中等大菌落。因能产生水溶性绿脓色素和荧光素,使培养基呈绿色,并有特殊的生姜气味。这对本菌的鉴定很有意义。在新分离的菌株中,最易产生上述色素。本菌能发酵分解葡萄糖、甘露糖、伯胶糖、单乳糖、果糖、木胶糖、甘油、甘露醇,产酸不产气,不发酵蔗糖、麦芽糖,能使明胶和凝固血清液化。MR 和 VP 反应试验阴性,不形成靛基质,能还原硝酸盐为亚硝酸盐。

绿脓杆菌对外界环境抵抗力较强。55℃经 1 小时,1∶2 000 的洗必泰、度米芬、新洁尔灭,1∶5 000 消毒净,5 分钟即可杀死本菌,0.2%福尔马林、0.5%石炭酸和苛性钠、1%～2%来苏儿、0.5%～1%醋酸均可杀死本菌。在干燥的环境下,可生存 9 天。用本菌产生的色素可改变紫外光谱,对紫外光的抵抗力较强。该菌有广泛的酶系统,对多种抗生素不敏感,易产生耐药性。对庆大霉素、链霉素、卡那霉素及多粘菌素 B 敏感。该菌本身也能产生一种抗生素——绿脓杆菌素,对多种革兰染色阳性菌具有抑制和杀灭作用。

【临床症状】 自然感染病例潜伏期 1～2 天,最长的 4～5 天,呈急性或超急性经过。水貂、狐、貉、毛丝鼠等发病后食欲废绝,精神极度沉郁,体温升高,鼻镜干燥,行动迟缓,流泪,流鼻液,继而呼吸困难,多呈腹式呼吸,肺部可听到啰音。有些病例见咯血和鼻出血,常于发病后 1～2 天死亡。毛丝鼠仔鼠多呈败血症。成年鼠见结膜炎、耳炎、肺炎、肠炎、子宫炎或败血症。

【病理变化】 典型病例为出血性肺炎,肺部充血出血、肿大,严重者呈大理石样病变,切面流出大量血样液体,肺门淋巴结肿大。胸腺布满大小不等的出血点或出血斑,呈暗红色。心肌弛缓,冠状沟有出血点。胸腔充满浆液性渗出液。脾肿大2～3倍,有散在出血点。肾脏皮质有出血点和出血斑。胃和小肠前段内容物混有大量血液,淋巴结充血、水肿。肺呈大叶性、出血性、纤维素性、化脓性、坏死性组织学变化,肺组织中的细小动脉、静脉周围有清晰的绿脓杆菌群。

【诊　断】　根据流行病学、临床症状、病理剖检,可初步作出诊断。最后确诊还需要细菌学检查。采取肝、脾、肾、脑及骨髓等组织,接种于肉汤培养基上,进行需氧培养,经24～48小时,在培养基表面形成绿色,出现淡褐色薄膜。在琼脂平皿上,长出边缘整齐的波状大菌落,上面染成青绿色。并发出特殊的芳香气味。取菌落涂片镜检,进行形态鉴定。将培养物接种于小白鼠、家兔、豚鼠后,常在24小时内死亡,并可分离到本菌。此外,凝集反应、酶联免疫吸附试验等免疫学方法,也可诊断本病。由于本病经过急,死亡率高,血清学诊断实用价值不大。

【防治措施】　对本病的预防,有人主张在流行地区分离到绿脓杆菌后,制备福尔马林灭活苗,在8～9月份接种,能起到一定的预防作用。对治愈的病兽隔离饲养到取皮时淘汰。被病兽污染的笼舍、地面、用具等进行彻底消毒。养兽场禁止养猫、狗,开展灭鼠工作。

由于不同的绿脓杆菌菌株对不同的抗生素药物的敏感性不同,疗效也颇不一致。目前尚未发现特效的治疗药物,应用几种或1种抗生素与其他抗菌药物并用,效果较好。给病貂用多粘菌素、新霉素、庆大霉素等各1 000～1 500单位/千克体重,或多粘菌素2 000单位/千克体重和磺胺噻唑0.2克/千克体重,混于饲料内饲喂,都能收到良好效果。

二十、克雷伯菌病

克雷伯菌病是由肺炎克雷伯菌和臭鼻克雷伯菌引起的以脓肿、蜂窝织炎、麻痹和脓毒败血症为特征的传染病。克雷伯菌对多种哺乳动物和禽类均有较强的病原性,毛皮兽中的水貂、麝鼠等均易感。一般认为是通过饲料感染,亦可通过患病动物的粪便和污染的饮水传播,但确切感染途径尚无定论。

【病原特性】 本菌在培养基中呈多形性,在病料中多为短粗卵圆形杆菌,菌体宽 0.5～0.8 微米,长约 1～2 微米,散在或成双排列,无鞭毛,无论在动物体内或培养基内均可形成肥厚的大荚膜,约为菌体的 2～3 倍大,久经培养后,则失去其粘稠的大荚膜。有菌毛,革兰染色阴性,常呈两极着色。

本菌在普通琼脂培养基上形成乳白色、湿润、闪光、半透明粘液状正圆形菌落,若继续培养,有的菌落相互融合在一起,呈无结构的粘液状,以接种环钩取则引缕成丝。本病能发酵葡萄糖、乳糖、麦芽糖、侧金盏花醇,产酸产气,MR 试验、VP 试验阳性,能水解尿素,不产生硫化氢,一般不产生靛基质,不液化明胶。

本菌对 0.0025％升汞、0.2％氯胺具有较高的敏感性。在 0.2％石炭酸中需 2 小时才失去活力。对氯霉素、卡那霉素及呋喃唑酮等抗菌药均敏感。

【临床症状】 水貂克雷伯菌病临床表现可分四种类型。

1. 脓肿型 发病后病兽食欲减退,直至废绝,病貂周身出现小脓肿,尤其是下颌、肩、背、尾部和后肢出现圆形或卵圆形脓肿,破溃后流出粘稠的白色或淡蓝色脓汁。有的形成瘘管,有的出现后肢麻痹。

2. **蜂窝织炎型** 常在喉部皮下发生蜂窝织炎,并向颈下蔓延,可达肩部,化脓、肿大,甚至深达肌肉。

3. **麻痹型** 食欲减退或废绝,步态不稳,以至后肢麻痹,多数发病后 2～3 天死亡,如同时发生脓肿,则病程更短。

4. **急性败血型** 突然发病,食欲急剧下降,或完全废绝,精神沉郁,呼吸困难,在出现症状后很快死亡。

【病理变化】

1. **脓肿型病例** 体表有硬度不同、大小不等的脓肿,内为灰白色粘稠脓汁,周围由结缔组织包围,体表及内脏淋巴结肿大,内有粘稠脓汁,肝肿大,有出血点和坏死灶。脾脏肿大,有出血点和坏死灶。肾脏有点状出血。

2. **蜂窝织炎型病例** 局部肌肉呈灰褐色或暗红色。肝脏明显增大,质硬、脆弱,充血、淤血,切面有多量凝固不全、暗褐红色的血液流出,切面外翻,被膜紧张,胆囊壁增厚,有针尖大小的黄白色病灶。脾肿大 2～3 倍,充血、淤血,呈暗紫黑色,被膜紧张,边缘钝,切面外翻。

3. **麻痹型病例** 膀胱充满尿液,膀胱壁粘膜肿胀。脾、肾肿胀。

4. **急性败血型病例** 尸体营养状况良好。死前明显呼吸困难的病貂,呈现化脓性肺炎,心内、外膜炎。肝、脾肿大。肾有出血点和淤血斑。胸腺有出血斑。

【诊　断】 根据病貂的临床症状、病理变化及细菌学检查,方可确认。可采取病死动物的实质脏器、脓汁,先进行涂片镜检,然后再进行细菌分离培养,进而鉴定其血清型。同时还要进行小白鼠接种试验。

【防治措施】 目前对本病尚无特异性的防治方法。平时应加强卫生防疫措施,严格检查饲料,经常消毒、灭鼠。发现水貂克雷伯菌病时,应将病貂和可疑病貂及时隔离,并用氯霉素、庆大霉素、卡那霉素、链霉素及磺胺类药物治疗。如病兽体表出现脓肿,可切开排脓,用双氧水冲洗创腔,彻底排脓,撒布消炎粉或其他消炎药物。

海狸鼠和麝鼠克雷伯菌病防治方法基本与水貂克雷伯菌病的相同。

二十一、魏氏梭菌病

魏氏梭菌病又称肠毒血症,是由魏氏梭菌引起的急性中毒性传染病。水貂、狐、海狸鼠、毛丝鼠、麝鼠等均易感,其中幼貂最易感,幼狐次之,成年兽发病较少,动物食入被本菌污染的肉或鱼类即会被感染,初期仅个别笼舍的少数动物发病死亡。病原体随病兽粪便不断排出,迅速传播,可造成大批动物发病。迄今为止,我国毛皮兽梭菌性疾病有水貂肠毒血症、狐肠毒血症、貂恶性水肿、貂肉毒梭菌中毒症等。

【病原特性】 本菌为两端钝圆的粗大杆菌,长 4～8 微米,单独或成双排列,也有短链条排列者。此菌在自然界中虽以芽胞形式存在,但形成较难且缓慢,芽胞呈卵圆形,位于菌体中央或近端。在机体内形成荚膜是本菌的重要特点,但没有鞭毛,不能运动。革兰染色阳性,但在陈旧培养物中,一部分菌可变为革兰染色阴性。本菌对厌氧要求不十分严格,对营养要求也不高,在各种普通培养基上都可生长,而且生长非常迅速。牛乳培养基培养 8～10 小时后能分解乳中的糖而产酸,将酪蛋白凝固,同时产生大量气体,气体穿透凝固的酪蛋白,使之变成海绵状,称这样的发酵为暴烈发酵现象。此现象可用于本菌的快速诊断。本菌在肝块肉汤培养基中发育非常迅速,经5～6 小时后培养基即混浊,并产生大量气体,肝块不被消化,每隔 2～4 小时即可传代 1 次,故称快速移植法。以此能将杂菌排除,有助于本菌的分离。其生化特性,对糖的分解作用极强,大多数糖可被分解,可以分解葡萄糖、麦芽糖、蔗糖、乳糖、果糖、半乳糖、棉子糖、淀粉、糊精及甘油等,产酸产气;不分解菊糖、甘露醇,缓慢分解液化明胶,产生硫化氢,不形成靛基质,能还原硝酸盐。本菌对环境的抵抗力,芽胞在 90℃经 30 分钟或 100℃经 5 分钟才能被杀死,其毒素在 70℃经 30～60 分钟被破坏。

【临床症状】 该病流行初期,呈散发型流行,出现死亡。随着病原体从粪便中排出体外,毒力不断增强,传染不断扩大,于 1～2 个月或更短的时间内导致大批动物死亡。潜伏期为 12～24 小时,流行初期一般无任何临床症状,病兽突然死亡。急性病例食欲不振或完全拒食,不愿活动,久卧于小室内,步态不稳,四肢不完全麻痹,呕吐,排液状带血粪便。头震颤,呈昏迷状态,最后昏迷而死。死亡率高达 90%。

【病理变化】 皮下组织水肿或出血,胸腔内混有血样渗出液,胸膜、膈膜及肺脏表面有点状或斑块状出血点或出血斑。胃粘膜肿胀、充血,幽门部有小溃疡灶,肠系膜淋巴结肿大,切面多汁,有出血点。小肠及大肠粘膜充血,偶见点状和带状出血,肠内容物呈暗褐色,混有粘液和血液。肝脏肿大,呈黄褐色或黄色。

【诊　断】 据临床症状、剖检变化,可作出初步诊断。确诊要靠实验室检查。

1. 细菌学检查 采取新鲜肝、脾,接种于肝片肉汤培养基中,经 5～6 小时培养基变混浊,并产生大量气体。将病料接种于牛乳培养基中,在厌氧条件下培养 8～10 小时后牛乳凝固,同时产生大量气体,气体穿透蛋白凝固块,使其变成多孔海绵状者,即可确诊。

2. 动物试验 取本菌肉汤培养物 1～3 毫升,静脉接种家兔后于数分钟内死亡。死亡家兔尸体放于 37℃经 5～8 小时后剖检,可见肝脏等处充满气体,出现"泡沫肝"现象,镜检时可见大量产气荚膜杆菌。如用 0.1～1 毫升本菌培养物皮下接种豚鼠,局部迅速发生严重的气性坏疽,皮肤呈绿色或黄褐色,湿润、脱毛、易破裂;局部肌肉呈灰褐色的煮肉样,易破裂,并有大量的水肿液和气泡,通常在感染 12～24 小时动物死亡。

3. 毒素测定 取病死动物回肠内容物,以生理盐水稀释,3 000 转/分离心 15 分钟,取上清液用 EK 细菌滤器过滤,取滤液 0.1～0.3 毫升,给小白鼠尾部静脉或腹腔注射。小白鼠在 24 小时内死亡,证明含有毒素。

【防治措施】 禁止喂腐败变质饲料。当兽群发生本病时,应将病兽和可疑病兽隔离饲养,及时进行治疗。病兽污染的笼舍,用 1%～2%热氢氧化钠溶液或福尔马林溶液消毒。粪便及污物堆放在指定地点,进行生物发酵消毒。地面用 10%～20%新鲜漂白粉溶液喷洒后挖去表土,换上新土。冬季笼舍用喷灯进行火焰消毒。本病无特异疗法,由于发病急、病程短,不易被早期发现,治疗效果不佳。一般可用氯霉素按 10 毫克/千克体重饲喂,每天 2 次,连用 3～4 天,可获得一定的疗效。对健康动物,每天给药 1 次,用于预防。

二十二、坏死杆菌病

坏死杆菌病是由坏死梭杆菌引起的以皮肤、皮下组织、消化道粘膜坏死或内脏形成转移性坏死灶为特征的传染病。主要侵害鹿、羊、牛等偶蹄兽,毛皮兽中以水貂最易感,狐狸与家兔次之。病程多呈急性经过，散发或地方性流行。主要是水貂、狐狸因吃患病动物的肉类饲料而感染。

【病原特性】　本菌是多形性细菌。在受感染动物的组织内常呈长丝状，有时可长达 100～200 微米，宽 1 微米，也有呈杆状或球杆状的，新分离的菌株主要呈平直的长丝状，经长期培养后常呈短丝状，在某些培养基上生长还可见到比一般形态粗 2 倍的菌体，幼龄菌体着色均匀，老龄菌体用石炭酸复红或碱性美蓝染色时，着色不均，宛如佛珠状，革兰染色阴性，不运动，不形成芽胞和荚膜。本菌为严格的厌氧菌，培养适宜温度为 37℃，适宜 pH 值 7。对营养要求较高，普通琼脂、肉汤培养基等均不适于生长，加入血液、血清、葡萄糖、肝块、脑块后，可助其生长，于血清琼脂厌氧培养 48～72 小时后，形成圆形、直径 1～2 毫米的波状边缘菌落，菌落微突或中央隆起，放大镜检查可见毡状菌丝构成的菌落。于血液琼脂培养基上，多数菌株呈 β 型溶血，少数为 α 溶血，或不溶血。能分解葡萄糖、麦芽糖、甘油，产酸产气，轻度发酵乳糖、半乳糖、果糖、甘露糖，不发酵木胶糖、鼠李糖、杨苷、山梨醇等。能形成靛基质，能使牛乳凝固胶化，多数菌株产生酯酶。

从皮肤和粘膜的坏死病料中分离本菌时，不易获得纯菌。可从病兽的内脏病灶取样，皮下接种兔或小白鼠，待接种动物的内脏（特别是肝）形成转移性坏死灶后，再进行剖检，做分离培养，即容易获得纯菌。

本菌对环境及理化因素抵抗力不强。在 65℃ 温度下能存活 15 分钟，100℃ 立即杀死。日光直射下 8～10 小时可致死，消毒剂如 2.5％ 克辽林、0.5％ 石炭酸、1％ 福尔马林经 20 分钟即可杀死。在污染的土壤中能生存 50～60 天，对 4％ 醋酸敏感，故可用以治疗坏死杆菌病。

【临床症状】 毛皮兽被毛较厚,一般轻度外伤感染看不到症状,待病变转移到内脏时,则出现食欲不振或拒食,精神沉郁,常在 24 小时内死亡。有的病例发生坏死性口炎和唇炎,有的在全身皮下发生脓肿,内含粘稠的脓或干酪样物质。有的趾间出现蜂窝织炎,多数形成脓肿、脓瘘和皮肤坏死。有的发生坏死性肠炎,腹泻,粪便带血和粘膜。有的发生坏死性乳房炎。若在肺脏、肝脏上形成坏死灶,病兽常呈现全身症状。

【病理变化】 主要表现肝脏肿大,表面散在黄白色、大小不等的坏死灶,胸膜、腹膜有程度不同的炎症。有的口腔粘膜有坏死灶,偶见乳房炎病变。

【诊 断】 在病健组织交界处取病料涂片染色镜检,发现有着色不均的长丝状菌,即为坏死杆菌。将采集的病料制成乳剂,静脉或皮下接种家兔或小白鼠,被接种动物 1 周内死亡,肝脏发生典型坏死病变。或将坏死组织包埋于家兔耳部皮下,2～3 天后局部肿胀,化脓,7～10 天死亡,内脏发生转移性坏死,并能分离到病原时即可确诊。

【防治措施】 严格控制饲料质量,严禁生喂由坏死杆菌病引起死亡的动物肉和内脏,及时清除笼内钉尖和其他尖锐物,以防外伤。发现病兽后,及时隔离治疗。局部用 5％高锰酸钾或 4％醋酸溶液洗涤外伤。可肌内注射青霉素、链霉素,水貂每次注射剂量为 15 万～20 万单位,狐狸每次注射 20 万～40 万单位。食欲不好的,可肌注复合维生素 B 注射液 0.5～1 毫升。

二十三、炭 疽

炭疽病是由炭疽杆菌引起的以脾脏肿大、皮下和浆膜下结缔组织浆液性、出血性浸润及凝血不良为特征的急性、热性、败血性烈性传染病。为毛皮兽、家畜及人共患的传染病。因能引起皮肤等组织发生黑炭状坏死，故称炭疽。本病在我国已被基本控制，只有散发病例。本病对多种动物和人构成威胁，应引起高度重视。毛皮兽中以水貂、黑貂、海狸鼠对本病最易感，银黑狐、北极狐、貉次之。多由用患炭疽病的家畜肉或被炭疽芽胞污染的饲料喂养动物引起感染，也可通过损伤的皮肤或吸血昆虫等媒介传播本病。本病无明显季节性，呈散发。

【病原特性】 该菌是一种长而粗的大杆菌，长 4～8 微米，宽 1～1.5 微米，无鞭毛，无运动能力，革兰染色呈阳性反应。形态上具有明显的双重性。在动物体内形成荚膜，以单个散在或 2～3 个菌体形成短链排列，菌体间平截相连，呈竹节状，游离端呈钝圆为主要特征，这些形态具有鉴别价值。在菌体外围形成的荚膜是一种大分子多肽，由 D-谷氨酸组成。对外界有较强的抵抗力，用病料涂片可看到无菌体的阴影——菌影，就是荚膜成分。在人工培养基上，一般不形成荚膜，是链状排列，易被苯胺染料着色。本菌必须在氧气充足、温度适宜（25～30℃）的条件下，在体外才能形成芽胞。芽胞呈卵圆形，位于菌体中央，形成芽胞后菌体可分解。芽胞便游离于外界环境中，具有很强的抵抗力。

本菌为需氧菌，在一般培养基上可以生长，适宜温度为 30～37℃，最适 pH 值为 7.2～7.6，在普通琼脂培养基上，18～24 小时后可生成扁平、灰白色、不透明、干燥、边缘不整齐的卷毛状大菌落（R 型），也称为"水母头状"菌落，这是炭疽杆菌的特点之一。无毒或弱毒菌株形成的菌落小，表面较为湿润、光滑，边缘较整齐，称为"S 型菌落"。普通肉汤中培养 24 小时，培养基管底有白色絮状沉淀物。沉淀物是由许多长菌链组成，上清液清洁透明，振荡时沉淀物呈均匀碎片升起，不散失。明胶培养基穿刺培养 2～3 天后,沿穿刺线变成灰白色,由中轴向四周呈放射状突起,愈近管底愈短,长成的培养物好似倒立的棕树枝状。明胶于 2～3 天后表面渐被液化,呈漏斗状。炭疽杆菌在含 0.5 单位/毫升青霉素的固体或液体培养基中培养时,由于细胞壁中的粘肽合成被抑制,则形成原生质体,使菌体膨胀,互相粘连,形成串珠状,此现象被称为"串珠反应",这也是炭疽菌特有的反应。

本菌能分解葡萄糖、麦芽糖、蕈糖及蔗糖,产酸不产气,不分解乳糖、阿拉伯糖、木胶糖、杨苷,不产生靛基质和硫化氢。在牛乳中能生长,产酸,并使之凝固、胶化。VP 反应试验阳性。炭疽杆菌繁殖体的抵抗力不强,75℃经 1 分钟即被杀死,一般消毒药也能很快杀死。但炭疽菌形成芽胞后,抵抗力极强,在土壤中和水中可存活 10 年,皮革中也能存活数年。煮沸15～25 分钟,140℃干热 3 小时,110℃高压蒸气 10～15 分钟,才能把它杀死。1%福尔马林 2 小时,20%石灰乳或漂白粉浸泡 48 小时,5%石炭酸 24 小时,0.1%升汞 40 分钟,均可将其杀死。炭疽芽胞对碘特别敏感,0.04%碘液 10 分钟可将其杀死。本菌对磺胺类、青霉素、四环素、红霉素及氯霉素等都敏感,能抑制其芽胞和繁殖体的生长。对多粘菌素及新霉素等不敏感。

【临床症状】 潜伏期为 10～12 小时,少数可达 1～3 天。水貂和黑貂常呈超急性经过。病程为 30 分钟至 3 小时,无任何前驱症状即突然抽搐死亡。急性病例,体温升高,呼吸加速,食欲废绝,渴欲增加,步态蹒跚,血尿和腹泻,粪便内混有血块和气泡,常从肛门和鼻孔流出血样泡沫。咽喉水肿,并扩散到颈部、头部至胸下、四肢和躯干。咳嗽,呼吸困难,几乎全部以死亡而告终,少数有康复的病例。狐和貉的病程略长,可达1～

2天。

【病理变化】 炭疽病例在具备严格的防护、隔离、消毒条件下,方可剖检。尸体常膨胀,尸僵不全,口、鼻、肛门流血样泡沫或不凝固的血液。头、颈、腹下皮下组织胶样浸润,有的扩散到肌肉深层。咽后淋巴结充血,并有出血斑。气管和支气管内有大量血样泡沫。咽部肿胀多见于银黑狐、北极狐和貂,水貂、黑貂、海狸鼠少见。心包及心外膜有点状出血,心肌松弛,心室内有不凝固的血液。胃粘膜有出血性溃疡。小肠粘膜水肿,个别的充血、出血,覆有暗红色粘液。肠系膜血管充血,淋巴结肿大、出血。肝脏肿大、充血、出血,切面外翻,流出暗红色血液,质地脆弱。脾脏肿大3~5倍,边缘钝圆,被膜易剥离,髓质软化,切面模糊似煤焦油状。肾脏肿大,皮质有点状出血,髓质充血。肾上腺肿大。膀胱粘膜充血、出血。胸腔、腹腔有血样渗出液。

【诊　断】 根据临床症状与剖检变化可作出初步诊断。但确诊必须通过细菌学检查。采取病料时一定要严格按法定传染病的规定执行,不得马虎。生前采耳静脉血或切开肋间采取静脉血,如为肠炭疽可采取粪便。取样放入已消毒过的试管内,封闭后方可送检。检查方法有涂片镜检、培养检查、血清学反应。涂片镜检时应注意炭疽杆菌形态学的双重性。分离培养常用含0.04%戊烷脒琼脂培养基。因为戊烷脒可抑制炭疽杆菌以外的其他需氧性芽胞杆菌生长。纯培养菌形态为链条状排列的大杆菌,病料涂片呈荚膜菌影。

【防治措施】 建立严格的卫生防疫制度,严禁采购、饲喂来源不明或自然死亡的动物肉。疫区每年定期注射炭疽芽胞苗,用法按厂家说明书实施。对可疑病兽应隔离治疗,病兽尸体不得剖检取皮,一律烧毁或深埋,被病兽污染的笼舍、用具、地面,应彻底消毒。治疗可用抗炭疽血清皮下注射,用量按厂家说明书执行;青霉素 10 万～20 万单位,每日肌内注射 2 次,连续用 2～4 天。

二十四、鼻　疽

鼻疽病是由鼻疽杆菌引起的以鼻腔和皮肤形成鼻疽结节、溃疡、瘢痕,上呼吸道粘膜、肺、淋巴结等实质器官发生特殊的鼻疽结节为特征的细菌性传染病。马属动物易感性最强,毛皮兽中银黑狐、北极狐、赤狐、水貂等均易感,常呈急性经过,死亡率高。多因饲喂患鼻疽病的马肉而导致感染,患本病的动物也是传染源之一。通常经消化道和外伤感染。

【病原特性】　鼻疽杆菌为正直或微弯曲的中等大杆菌,长 2～5 微米,宽 0.3～0.6 微米。不能运动,无鞭毛,不形成芽胞和荚膜,革兰染色阴性,如用石炭酸复红或碱性美蓝染色时,能染成颗粒状,菌体呈断续不匀的横纹状或两端浓染,这是由于原生质中类脂分布不均的缘故。

本菌为需氧菌,在弱酸性(pH 值 6.6～6.8)培养基内生长良好,培养最适温度为 37℃,培养基内加入甘油、血红蛋白、血液或葡萄糖,可促进其生长。在甘油培养基上培养 48 小时,形成带黄色、湿润粘稠、圆形隆起的菌落。在马铃薯培养基上生长,具有明显的特征,培养 48 小时后出现黄棕色粘稠的蜂蜜样菌落,随培养日数的增加,菌落的颜色也逐渐变深。

本菌对环境的抵抗力不强,阳光直射下经 24 小时死亡,在病料或污染物中能生存 2～3 周,加热 55℃经 20 分钟,80℃经 5 分钟死亡,100℃立即死亡。2%福尔马林、1%氢氧化钠等消毒剂 1 小时内能将其杀死。

本菌对金霉素最敏感,土霉素次之,链霉素、氯霉素和磺胺等均有不同程度的敏感性。

【临床症状】 银黑狐、北极狐、赤狐、水貂发病潜伏期较短,病程急剧,经 2～5 天死亡。发病初期食欲不振或拒食,体温升高(40℃以上),呼吸困难,继而鼻孔及鼻中隔溃烂、出血,流出脓血样分泌物。幼兽趾间皮肤和关节出现小脓包,破溃后流出粘稠的黄白色脓汁,病兽一前肢或一后肢跛行。在颌下、眼下、胸侧、胸部及四肢关节皮肤出现结节和溃疡,形成边缘不整齐、如火山口状的溃疡灶。有的吐血,排煤焦油样粪便。有的公兽发生睾丸炎。后期后肢瘫痪或窒息而死亡。死前口咬笼网,发出尖叫声。耐过病兽转为慢性带菌者,食欲不振,可视粘膜苍白,体温接近正常,肛门松弛,有的耳下或颈、胸腹侧皮肤溃烂,有结痂病变。

【病理变化】 死于鼻疽的动物尸体尸僵不全,被毛逆立、蓬乱,无光泽,鼻孔周围有粘液脓性分泌物,鼻腔粘膜和皮肤有大小不等、边缘不整齐的溃疡灶。皮下组织散在黄褐色胶样浸润灶或破溃灶。血液凝固不全,呈暗红色。肺小叶膨胀不全,有米粒大的坏死灶。心内膜有出血点或出血斑,心肌弛缓。脾脏肿大,有出血点,粘膜上皮易脱落。

【诊　断】 根据流行病学、临床症状和病理变化,可作出初步诊断。细菌学检查可采取鼻汁、皮肤溃疡分泌物直接涂片,或将病料接种于孔雀绿复红鉴别培养基上,鼻疽杆菌的菌落呈蓝绿色,培养基呈淡紫色。同时也可将分离菌制成悬液,经腹腔接种于雄性豚鼠,剂量 0.5～1 毫升,于接种后3～7天,豚鼠睾丸肿大,发生鞘膜炎和睾丸炎,剖检可见实质脏器有鼻疽结节。从睾丸和脏器中分离出鼻疽杆菌,即可确诊。

补体结合反应、变态反应、荧光抗体法、酶联免疫吸附试验均可用于本病诊断。

【防治措施】 预防本病首先应严格检查饲料,尤其是用退役的马、骡、驴肉或内脏调制的饲料,要严格检查,被鼻疽杆菌污染的饲料一律煮沸消毒后再喂。死于鼻疽病的病马不得作为毛皮兽的饲料。一旦发生本病,要进行严格隔离或扑杀,尸体焚烧或深埋,全场彻底消毒。必要时对病兽试用土霉素、强力霉素治疗。注意工作人员、饲养人员的防护。

二十五、钩端螺旋体病

钩端螺旋体病又称传染性黄疸,是多种动物和人共患传染病。其特征为短期发热、黄疸、血尿、贫血、粘膜坏死、出血性素质、消瘦和四肢无力。

1915年日本人曾发现出血性黄疸性钩端螺旋体病例,以后世界各地陆续发现赤狐、银黑狐、北极狐和貉的钩端螺旋体病。笔者在1958年于北京的一个养兽场曾发现进口的银黑狐群中流行钩端螺旋体病。

消化道是钩端螺旋体侵入的主要途径。将钩端螺旋体培养物用胃管送入胃内,可使银黑狐和北极狐感染,从而证明可经胃肠道感染。经口、鼻粘膜、眼结膜和皮肤都能人工感染。

螺旋体侵入机体后,可由血液带到各器官,迅速繁殖,尔后菌体重新进入血液。在病兽体温升高期,血液内均发现本菌,以后消失,存留于肾脏和肝脏内。本菌从肾脏随尿排出体外,部分由肝管进入肠道随粪便排出体外。

本病的主要症状是中毒,但到目前尚未获得其毒素。从肠管和组织的变化可以说明,机体是被钩端螺旋体的崩解产物侵害而引起中毒的。毒物侵害神经系统,破坏器官系统的功能。因此,本病是全身性疾病。

实验室检查发现,血液中红细胞数和血红蛋白量降低,白细胞数增加,贫血基本上是溶血性的。从潜伏期到发热期,溶血逐渐增加,溶血产物——间接胆红素增加,以及由于肝组织变性,使肝的功能受破坏,胆红素滞留于组织内,使组织变成黄色。

微血管特别是口腔粘膜毛细血管,由于中毒,常发生血栓栓塞,影响组织的营养供应,进而发生坏死,由此使血管进一步受破坏,引起各器官和组织大量出血。

【病原特性】 钩端螺旋体区分为 140 个以上的血清型,在毛皮兽中分离出波摩那型、出血性黄疸型和流感伤寒型等三型钩端螺旋体。

钩端螺旋体体长 4~20 微米,宽 0.1~0.2 微米,一般有 16~184 层细密螺旋,两端或一端弯曲呈钩状。菌体由胞浆、轴丝和套膜组成,无鞭毛,能通过细菌滤过器。新分离出来的钩端螺旋体较短(6~12 微米),陈旧的培养则较长。钩端螺旋体运动活泼,沿长轴方向作旋转运动,转动时两端柔软,中段较僵硬。另外,还能作移行和蜿蜒运动。本菌对苯胺染料不易着色,用镀银染色法可染成黑棕褐色。钩端螺旋体是一种需氧的微生物,行横分裂繁殖。在人工培养基上较一般细菌生长慢,在添加兔血清的柯索夫培养基中,通常 5~7 天,短者为 4 天,最长达 1 个月以上,才能生长良好。

钩端螺旋体对日光、干燥、高温、常用消毒剂、酸碱、某些重金属离子都很敏感。如加热 50~56℃经 30 分钟、60℃经 10 分钟即可将其杀死,1%漂白粉、石炭酸溶液,2%来苏儿,1%盐酸及酒精、碘酒都能很快将其杀死。在宿主动物体内钩端螺旋体随尿排到水中,若环境适宜(偏碱,日光弱,腐败少,水温不高)可存活数月,在寒冷条件下该菌存活时间较长,但寒冷对它并不是适宜的环境因素。

【流行特点】 银黑狐钩端螺旋体病发生于许多国家,常呈地方性流行或散发,死亡率达 90%～100%。在自然条件下,银黑狐和北极狐易感。主要感染 3～6 月龄幼兽,成兽较少。貂较有抵抗力。

各种啮齿动物,特别是鼠类是本病的传染源。鼠类带菌率相当高,带菌时间也很长,据广东防疫站调查,田鼠带菌率达 20%～50%,带菌时间为 122 天,甚至终生带菌。

另外家畜也是重要传染源,猪是最危险的传染源。猪患本病症状较轻微,多为隐性经过,而长期带菌,不断向外排菌,污染环境。

带菌动物由尿中向外排菌,排菌的持续时间,狗为 700 天,银黑狐 514 天。当毛皮兽食入被污染的饲料和饮水,或直接吃了患本病的家畜肉和器官,即可引起发病,死亡率高。带菌的鼠类常为毛皮兽所捕获而吞食,是引起传染的一个重要原因。

传染途径主要是消化道,也可通过损伤的皮肤和粘膜感染。通过子宫内感染也已得到证实。

本病多发于 7～10 月份,个别被污染的毛皮兽饲养场,一年四季都有散发病例。本病地方性流行的特点是发现病例的 5～10 天内大量动物发病,并在平息下来以后,经过 5～10 天又重新发生。不间断一直流行的现象较为少见。本病任何时候也不会引起全群发病,仅在一定年龄段的兽群中流行。各种毛皮兽经轻微经过后产生坚强免疫力,不再重复感染。

【临床症状】 自然感染病例潜伏期 2～12 天,人工感染的不超过 4 天。潜伏期的长短取决于动物的全身状况、外界环境状况、病原毒力及传染途径。

由各种血清型病原体引起的毛皮兽钩端螺旋体病,临床症状没有明显差别,主要为急性、超急性经过,慢性经过的较少,也有个别的非典型病例。

1. **超急性型** 一般发生于本病流行初期。病兽突然拒食,呕吐,下泻,精神沉郁,心跳频数,脉搏 105～130 次/分,呼吸 70～80 次/分,在发病最初几小时病兽体温升高到 40.5～41.5℃,口吐泡沫,发生痉挛而死亡,没有康复的病例。

2. **急性型** 病兽忽然拒食,呕吐,下痢,体温波动在正常范围内(39～39.6℃),少有轻微升高者(40～40.5℃)。病兽长久躺卧,消瘦,精神沉郁,行走缓慢,黄疸,在口腔粘膜、齿龈及口盖部有坏死区和溃疡,有时舌也出现坏死和溃疡。常发生肛门括约肌松弛。从黄疸出现起,病兽体温下降至 37.5～36.5℃或以下,排尿频繁,尿色黄红,仅有少数病例尿色暗红。有 10%～20% 病例黄疸不显著或不显黄疸症状。濒死期伴发背、颈和四肢肌肉痉挛,流涎,口唇周围有泡沫样液体,常因窒息而死亡,病程持续 2～3 天,很少康复。

3. **亚急性型** 特征和急性型病例的临床症状大致相同,只是发展较缓慢。此型病例的黄疸和消瘦十分显著,见淋巴结肿大,鼠蹊淋巴结和颈淋巴结肿大更明显。有时发生角膜炎和化脓性结膜炎,后肢虚弱或不全麻痹,病兽长期躺卧,起立行走缓慢,时时停留,仿佛在沉睡中。病兽在濒死期发生尖叫,似急性经过的抽搐症状,死亡率达 80%～90%。

4. **慢性型** 多由急性型和亚急性型转变而来。在有较好食欲情况下,出现进行性消瘦,虚弱,贫血,定期下痢,有时在几个月内出现 2～3 次短期发热。在体温升高后出现不明显的黄疸。慢性病例转归各有不同。一部分经 2～3 个月衰竭死亡,一部分可活到屠宰取皮期。

5. **非典型** 症状多种多样,而且不明显。定期下泻,粪便淡污白色,有黄色阴影。可视粘膜贫血,食欲减退或短时拒食,体温正常(39～39.5℃)或正常以下(38～38.3℃)。上述症状持续1～3天,有时8～10天,之后又重复2～3天,未见此病型有死亡的。

【病理变化】

1. **剖检变化** 急性病例尸体营养良好,病程较长者尸体消瘦,尸僵显著,可视粘膜、皮下组织、脂肪组织常染成黄色,骨骼肌松弛、多汁,有斑点状和条状出血,呈暗红色或苍白、黄色。肋膜、腹膜、网膜、肠系膜被染成不同程度的黄色。咽喉及咽头粘膜染成黄白色。有时可以看到颚扁桃体微增大、充血。胃粘膜局限性充血、肿胀,有单个或数个连在一起的出血点或出血斑。

特别显著变化见于肝脏,大多数病例肝脏体积增大。本病持续时间不同,肝脏呈黄褐色、土黄色或橘黄色,在肝包膜下有出血点或斑块状出血,并有灰黄色坏死灶。肝组织松软、易碎裂,胆囊增大,充满粘稠的绿色胆汁,粘膜上有单在出血点。肾脏增大,被膜易剥离,组织见退行性变化,呈淡灰红色、土红色、暗红褐色,在皮质内有局灶性出血,切面湿润,组织松软、易碎,皮质和髓质界限不清,髓质呈淡褐红色。膀胱空虚,粘膜苍白,有出血点。脾脏不增大,呈暗红色或深红色。脾髓内有大小不同的出血区。淋巴结显著肿大,触之柔软,呈灰黄乃至淡黄色。甲状腺增大,有点状出血、肿胀,实质和小叶间组织伴有明显水肿。所有病例肺肋膜面有各种形状的出血点。气管和支气管有红白色泡沫状液体。肺可见到小叶间组织水肿,肺泡和支气管腔内有浆液性渗出物,肺出血性浸润。心肌硬固,心外膜和心内膜有带状出血,心室内有块状不凝固的血液。脑血管充血,脑组织水肿。慢性病例尸体高度消瘦,明显贫血,有的呈轻度黄疸。

2. 病理组织学变化 肝、肾、肺组织有特征性变化。肝细胞呈颗粒状变性。肾发生间质非化脓性肾病肾炎及肾小球出血，钩端螺旋体存在于肾小管管腔内、间质内及肾小管上皮之间。

【诊　断】

1. 临床诊断 急性病例临床症状和剖检变化明显，诊断并不困难。在许多情况下，最后确诊还必须做实验室检查。

2. 实验室诊断

(1)特异性血清学诊断

①凝集溶解反应：用已知不同型钩端螺旋体培养物作抗原，检查病兽的血清。在暗视野显微镜下检查抗原的凝集溶解现象。在病兽发病后 2～3 天血清中含凝集溶解抗体量最高。判定标准如下："卌"为菌体凝集成小蜘蛛状或大团块，无分散游离菌体或仅有极少数游离菌体，10 个视野中见有 10 个以上凝集块。"卌"为 75% 菌体凝集，25% 菌体游离，或任意 10 个视野中有 7～9 个凝集块。"卄"在 10 个视野中有 4～6 个凝集块。"十"在 10 个视野中仅有 1～3 个凝集块者。"一"与对照同，菌体见不到凝集溶解现象。最终判定以"卄"反应以上为阳性标准。一般毛皮兽 1：400(卄)以上判为阳性，1：200 者为判为疑似反应，1：100 以下判为阴性。

②补体结合反应：本法必须有兽医生物药品厂供给的钩端螺旋体病补体结合反应抗原以及绵羊红细胞、补体、溶血素、标准阴性和阳性血清五大要素，才能对被检血清进行检测。此试验一般可采取病兽血清，向兽医检验单位送检。

(2)暗视野显微镜检查　将病料制成压滴标本，在暗视野显微镜下观察(用 400～600 倍即可)，可见到钩端螺旋体细长弯曲,能活泼地旋转及伸屈,其螺旋弯曲极为紧密。这些情况在暗视野中不易看清,常见似小珠链样,菌体的一端或两端弯转如钩,旋转或摆动可弯成"8"字、"丁"字或"网球拍"等形状。

(3)染色检查 用姬姆萨染色法染色时,钩端螺旋体可被染成淡红色。着色较差,染色时间要长,最好浸染过夜。

3. **生物学试验** 可用体重 300~400 克的家兔(12~18 日龄)或体重 50~60 克幼龄金花鼠。将病料制成 10% 乳剂,作离心处理,取离心上清液,对实验动物作皮下或腹腔内接种,注射量家兔 5 毫升,金花鼠 1 毫升。接种后定期测量体温。接种动物常在 5~8 天出现黄疸,并发生死亡。

4. **鉴别诊断** 银黑狐和北极狐的钩端螺旋体病有些临床症状与沙门氏菌病、巴氏杆菌病类似,在诊断时应加以区别。患沙门氏菌病和巴氏杆菌病的毛皮兽整个病程体温升高,钩端螺旋体病体温升高仅见于发病早期,一般体温正常,出现黄疸后体温很快下降至常温以下(37.6~36.5℃)。钩端螺旋体病的显著特点是出现黄疸,无论是急性或亚急性经过,90%以上的病例黄疸出现于发病早期;沙门氏菌病和巴氏杆菌病少数病例病初出现黄疸,多数病例黄疸出现于病的晚期。钩端螺旋体病病兽口腔粘膜常出现坏死灶;沙门氏菌病和巴氏杆菌病则无此症状。

在剖检变化上,钩端螺旋体病兽尸体大多数器官和组织发生黄疸,肝、肾和甲状腺有特征性组织学变化。脾不肿大;沙门氏菌病脾明显肿大。

钩端螺旋体病常呈地方性暴发流行,发病高峰期为 7~10 月份;沙门氏菌病多发生于 3~6 月份;巴氏杆菌病任何季节都能发生。3~6 月龄幼兽易患钩端螺旋体病,1~3 月龄仔兽易患沙门氏菌病,各种年龄的毛皮兽都能患巴氏杆菌病。

【防治措施】 预防本病除做好一般防疫工作外，还要特别注意对所有肉类饲料的检查。对可疑的肉类饲料必须煮沸消毒后再饲喂。对水源要定期检查，用水要清洁，防止水源污染和腐败。防止啮齿动物污染饲料和饮水。定期灭鼠和作笼舍消毒。病兽和可疑病兽应隔离，单圈喂养和治疗。被隔离的动物不要再归群。饲养管理人员应严格遵守个人预防规则。被本病原污染的兽场中所有动物均要接种本病菌苗。

发病初期应用抗钩端螺旋体病血清进行治疗，可获得良好的效果。一般注射1次即可，个别的也可间隔1～2天注射2～3次。病情严重的可用血清静脉注射。剂量按产品说明书的规定。临床对症治疗，可服用下泻药（如芒硝），使用强心剂，静脉注射葡萄糖溶液，注射链霉素等。

二十六、兔 热 病

本病又称野兔热或土拉杆菌病、土拉弗菌病，是由土拉弗菌引起的以高热、全身淋巴结肿大及内脏器官发生肉芽肿与干酪样坏死为特征的传染病。貂、银黑狐、北极狐、海狸鼠、麝鼠及兔等均易感。野生啮齿动物是本病的主要传染源，通常经吸血昆虫、外寄生虫及患病动物、带菌鼠类的排泄物污染饲料、饮水而传染。动物摄入患病畜禽的肉、加工下脚料等，常可引起暴发流行，在春、秋季节多发。

【病原特性】 本病菌是一种多形态细菌，在病兽血液中近似球状，在幼龄培养物中呈卵圆形或小杆状，在老龄培养物中为球状，一般为短杆状，菌体为0.2～1微米，无芽胞，无鞭毛，不能运动，组织脏器内或幼龄培养物中能形成荚膜，美蓝染色常呈两极浓染，革兰染色阴性。本菌为需氧菌，生长最适温度为37℃，pH值7～7.3。对营养要求较高，在普通培养基上生长不良,需在含葡萄糖、血液、胱氨酸、半胱氨酸、卵黄的培养基上才能良好生长。在葡萄糖半胱氨酸血液琼脂平板培养基上,经 32～48 小时培养,可形成圆形、光滑、灰色露滴状小菌落,菌落附着处培养基略有灰色暗影。本菌稍能分解葡萄糖、麦芽糖、甘露糖、果糖、甘油等,不产生靛基质与硫化氢,硝酸盐试验阴性,瓜氨酸酰尿酶试验测定阴性。本菌对外界环境的抵抗力较强,在干燥的状态下可存活多年,在水中可存活 70 天,在谷物饲料中可存活 130 天,在毛皮内可存活 40～45 天,在尸体中可存活 100 天以上,不耐热,在 60℃ 温度下可很快被杀死,对消毒剂如来苏儿、石炭酸和升汞等都敏感,对链霉素、四环素、氯霉素、卡那霉素等敏感,对磺胺及青霉素有抵抗力。

【临床症状】　潜伏期 2～3 天。在貂群中本病流行早期多为急性经过,病兽突然拒食,体温升高至 42℃ 以上,精神沉郁,呼吸困难,气喘,后肢麻痹,数天内死亡。流行后期多为慢性经过,病貂食欲不振,极度消瘦,精神委靡,四肢无力,步态不稳,喜卧,少动,鼻镜干燥,眼角有大量脓性分泌物,皮肤出现溃疡,有的排带血稀便,体表淋巴结肿大,有时出现化脓或破溃,向外排脓。

海狸鼠、麝鼠发生此病后结膜充血,口腔粘膜发炎,咳嗽,流脓性或浆液性鼻液,下痢,肩前淋巴结肿大,触诊肝区有疼痛反应,后期拒食,极度虚弱,爪水肿,死前不安,痉挛,继而痴呆。

【病理变化】　局部皮肤溃疡或坏死,上覆薄膜,边缘隆起、充血。皮下组织出现胶样浸润。淋巴结肿大,发生干酪样坏死。腹腔有大量浓黄色积液,胃肠出血,内容物呈酱油色或煤焦油样。膀胱积尿。肺充血、水肿。肝脏肿大,切面呈豆蔻状纹理。脾增大2～3倍。肝、脾、肺、淋巴结等常有干酪样坏死灶。

【诊　断】　本病依据特征性临床症状和病理变化,可作出初步诊断,实验室检查可确诊。

1. **细菌学检查**　取病料直接涂片染色检查。把病料接种到葡萄糖半胱氨酸血液琼脂培养基上进行分离培养,经纯培养后再进行细菌学鉴定。

2. **动物接种**　把病料制成悬液,皮下注射于小白鼠或豚鼠体内,经4～10天实验动物即死亡。采取死亡实验动物的病料进行细菌分离培养,作细菌形态及生化特性检查。

3. **凝集试验和变态反应**　凝集反应即用已知的土拉弗菌抗原去检查血清中是否存在相应的抗体。变态反应应用土拉弗菌素(灭活菌液或其内毒素)0.1毫升,进行皮内注射,24小时后观察,如注射局部发红、肿胀、变硬、疼痛,则为阳性。变态反应一般在动物发病后3～5天出现。

【防治措施】　预防本病主要是要定期灭鼠、灭蝇,做好消毒、驱虫等工作。防止饲料被啮齿动物污染。禁止饲喂患兔热病畜禽肉及加工下脚料,可疑饲料必须煮沸后饲喂。对于发病动物应及时隔离治疗。可用链霉素10毫克,每日肌内注射2次,连用7～14天;也可用四环素、氯霉素、卡那霉素、庆大霉素等。采用外科手术切除坏死淋巴结。

二十七、结 核 病

本病是由结核分枝杆菌引起的以组织形成结核结节、脓肿,进而形成干酪化和钙化性结节为特征的慢性传染病。毛皮兽中以水貂、银黑狐、海狸鼠、毛丝鼠等易感,北极狐次之。患结核病的动物是本病的传染源,给毛皮兽饲喂患结核病的牛、猪肉及加工副产品可造成感染，也可经呼吸道、生殖道或直接接触感染。世界主要的毛皮兽生产国都有本病的发生，一般呈地方性流行。有报道，水貂患牛型结核较禽型结核严重，发病急，感染率高。我国野生经济动物中，主要是鹿科动物及山鸡的感染率比较高，毛皮兽很少呈地方性流行。本病无明显季节性。

【病原特性】　过去将本菌分为三型，即人型、牛型和禽型。现在改称为三个种，即结核分枝杆菌、牛分枝杆菌和禽分枝杆菌。

在动物病灶内的结核杆菌比较细长，稍弯曲，长 1～9 微米，宽 0.2～0.5 微米，两端钝圆，呈单个散在或成丛排列。菌体内有 2～3 个浓染的颗粒，并具有分枝特点。在人工培养基上，由于菌型、菌株、菌龄和环境条件的不同，可表现多种形态特征，如棒状、分枝状及长丝状等。本菌不形成芽胞和荚膜，亦无运动性。革兰染色阳性。一般染料较难着色，抗酸染色法已广泛用于结核菌鉴别染色。用抗酸染色本菌被染成红色，其他细菌和组织染成蓝色。

结核分枝杆菌为专性需氧菌，对营养要求严格，在培养基上的生长都比较慢，繁殖一代需要 15～22 小时。尤其初代分离更慢(1～2 周)。在培养基中加入适量的甘油、鸡蛋、蛋白质及动物血清等能促进此菌生长。在固体培养基上形成灰黄色菌落，明显隆起，表面粗糙皱缩，坚硬不易破碎，类似菜花状。液体培养基培养数周后，于液面形成粗皱纹菌膜，培养基保持透明。

本菌对外界环境条件，尤其对于干燥具有较强的抵抗力。在干燥痰、病变组织和粪便内能存活 2～7 个月。对日光直射和紫外光敏感，痰内细菌照射 0.5～2 小时后死亡。对湿热敏感,70～80℃加热 5～10 分钟即可将其杀死,煮沸立即死亡。5％来苏儿、石炭酸 24 小时可使其死亡,4％福尔马林 12 小时死亡,在 70％酒精、10％漂白粉溶液中很快死亡。本菌对一般抗生素和磺胺类药物不敏感,对链霉素、异烟肼及对氨基水杨酸等敏感。

【临床症状】　其临床症状的严重程度取决于 1 个或几个器官的病变程度。水貂的潜伏期为 1～2 周,病程为 6～10 周。病貂表现不愿活动,食欲减退,进行性消瘦,易疲劳,嗜卧,皮毛粗糙、无光泽,鼻镜湿润程度变化无常,色淡。鼻、眼有较多浆液性分泌物,甚至流出脓性鼻漏。当结核菌侵害肺部时,病兽干咳,严重者出现呼吸困难。咽后淋巴结受侵害时肿大,不易滑动,触摸时常有波动感,破溃后流出脓性粘稠液。胸部可听到啰音,有的腹腔积水,排带血粪便,死前 1～2 周后肢麻痹。

银黑狐、北极狐和海狸鼠病兽的临床症状表现取决于病变部位。多数病例表现衰竭,咳嗽,呼吸困难,被毛蓬乱、无光泽。有的腹腔积水,便秘。体表淋巴结受侵害时,出现久不愈合的溃疡或结节。实质脏器(肝、肾等)受侵害时,常无明显症状,表现消瘦,营养不良,消化不良。

毛丝鼠患此病的临床特点为慢性、潜伏性经过,病鼠食欲减退,体重减轻,皮毛蓬松无光,浅表呼吸,呼吸频数,有的出现咳嗽,长期间歇性腹泻。

貉结核病表现为发育不良,逐渐消瘦,被毛粗糙无光泽,有的咳嗽,体表淋巴结肿大,特别是颈浅淋巴结溃烂,创面被毛粘合污秽。可视粘膜苍白,病貉倦怠,不活动,秋末冬初发生死亡。

【病理变化】　病兽尸僵完全,可视粘膜苍白、消瘦。病变多发生于肺部，在肺表面及组织深部有肉眼可见的如豆粒大的散在钙化结节或干酪样结节，切面为浓稠脓样物。有的侵害气管和支气管，形成空洞。支气管周围和纵隔淋巴结及肠系膜淋巴结肿大或化脓。肠粘膜有散在的溃疡，呈灰白色。大网膜上也偶见散在干酪样结节。肝脏体积增大，散布有大小不等的结核病灶。肝门淋巴结肿大。脾脏增大，表面和实质有粟粒大的结节。肾脏被膜下有粟粒大或更大的结节，有的肾脏萎缩，肾盂附近形成结节，有的向肾盂破溃。胸膜、腹膜、网膜及子宫壁均有结核结节。胰腺、乳腺、肾上腺肿大，实质有结节病变。

【诊　断】　毛皮兽结核病缺乏特征性临床症状，因此，临床诊断比较困难。可根据细菌学检查作出诊断。采取病变部位病料压片或以细菌培养物涂片，用抗酸染色法染色结核分枝杆菌被染成红色，即可确诊。为进一步确诊，可将病料（内脏器官）制成乳剂，皮下接种豚鼠及家兔，经 6～8 周后扑杀做细菌学检查和病理学检查。

生前诊断可使用结核菌素作变态反应试验。以结核菌素作皮内或皮下注射。注射部位因动物而异，可用牛型结核菌素在眼睑部皮内注射，狐、貉注射 0.2 毫升，水貂注射 0.1 毫升。经 48～72 小时，发现大量流泪和眼睑肿胀，则判为阳性；眼睑肿胀不明显，判为疑似；无上述症状判为阴性。

【防治措施】　防治本病的基本方法是净化兽群。做到早期发现病兽，及时治疗或淘汰。被病兽污染的笼舍、地面彻底消毒。每年取皮前的 9～10 月份对基础兽群用变态反应法检疫，将阳性和可疑动物隔离饲养，至取皮时全部淘汰，留健康幼兽作种用。严格检查饲料，结核病畜的肉类应剔除病变器官并煮熟后再饲喂，结核菌阳性的牛奶应煮沸后饲喂。每年对饲养人员进行健康检查，患有开放性结核病的人不得担任饲养员。

对病兽用异烟肼、链霉素、对氨基水杨酸钠、利福平、环丝氨酸等单独或几种药物配合治疗。因药品价格较贵，药物治疗经济上不甚合算。

二十八、伪结核病

本病是由耶尔森菌属中的伪结核杆菌引起的以肠道、淋巴结和内脏器官出现干酪样坏死结节为特征的慢性消耗性传染病。本病特点是肝、脾、肾、淋巴结等器官出现肉眼可见的粟粒状结节。由于结节形似结核，而其致病菌为不耐酸的革兰染色阴性杆菌，故称伪结核病。

毛皮兽中的海狸鼠、毛丝鼠、水貂都可感染，豚鼠、家兔、鼠类及野兔等有很强的易感性。患病和带菌动物是本菌的重要传染源。病原体随粪便和呼吸道分泌物排出体外，经呼吸道及损伤的皮肤感染。本病无明显季节性，以夏季多发，各种降低机体抵抗力的因素都可促进本病发生和传播。

【病原特性】 本菌为球状或杆状的多形态杆菌，在液体培养基中多呈丝状排列，长 0.8～2 微米，宽 0.8 微米，无荚膜和芽胞。在温度 30℃以下培养时形成 1～6 根鞭毛，37℃时则无鞭毛。本菌易被苯胺染料着色，着色不均，患病组织中的菌体常呈两端染色。

本菌为需氧及兼性厌氧菌。在普通培养基上生长不良，添加血清可促进其生长。在血清琼脂培养基上形成细小颗粒状、半透明、边缘不整齐的小菌落。随着时间的延长，菌落变为不透明、具有同心圆构造、干燥而松脆的菌落。菌落的颜色随菌株不同而异，有的呈乳白色，有的呈橙黄色。本菌基本型为光滑型菌落（S 型），呈光滑、湿润、淡红色或红色。在含亚硒酸钠的血液琼脂培养基上生长出形状一致的微黑色小菌落,带有金属光泽,表面低平。在血清肉汤培养基中,接种后不久,培养基呈轻度混浊,接着变透明,管底有颗粒状沉淀物,表面形成厚而松软的菌膜。在血液琼脂培养基上,菌落周围形成 β 型狭窄溶血环。

本菌对糖类分解能力不定,多数菌株能分解葡萄糖、麦芽糖、甘露糖、蜜糖、杨苷和七叶苷,产酸不产气,不分解蔗糖、乳糖、菊糖、伯胶糖、木胶糖、鼠李糖、棉子糖等。能迅速分解尿素,产生硫化氢,还原硝酸盐。甲基红试验阳性,VP 反应试验阴性。还原美蓝,石蕊牛乳变碱性,不液化明胶。

本菌对干燥及低温有较强的抵抗力。将含菌的脓汁涂成厚层,于阳光下存放,可存活 10 个月。经 66℃加热 10～15 分钟即死亡。2.5%石炭酸 1 分钟,0.25%福尔马林 6 分钟,0.1%～0.2%升汞 4 分钟,即可杀死本菌。

【临床症状】 水貂病兽被毛蓬松,粗糙无光泽,精神沉郁,不愿活动。食欲下降或拒食,渐进性消瘦,长期下痢。有的无前驱症状突然死亡。海狸鼠幼兽呈急性经过,不显现任何症状即突然死亡。成年兽多为慢性经过,食欲不振,消瘦,排稀便,有的出现黄疸。毛丝鼠病鼠为急性经过,仅见精神不振,食欲减退,消瘦,腹泻,病程 1 周至数月。

【病理变化】 特征性变化为小肠、盲肠粘膜有大量粟粒大乃至豌豆大的淡黄色结节,病程长者更为严重。肝、脾、肾、淋巴结等器官也出现肉眼可见的粟粒状结节,这一点与结核病相似。肠系膜淋巴结及外鼠蹊淋巴结肿大,切面有白色坏死灶。肺部有不同程度的出血,部分小叶发生气肿。

【诊 断】 本病临床上无特征性变化,确诊主要靠实验室诊断。取肠系膜淋巴结或病灶脓汁涂片染色,镜检,如为革兰染色阴性多形性小杆菌,并且抗酸染色呈阴性,则可初步诊断为本病。进一步鉴定需要将病料接种小白鼠或豚鼠,再从死亡的动物体内取脏器病料,分离培养,根据菌落特征、生化反应及血清学反应进行菌株抗原型鉴定。

【防治措施】 隔离病兽,妥善处理病兽的分泌物、排泄物,对被污染的笼舍等进行严格消毒。平时注意卫生,防止外伤发生。对病兽试用链霉素、氯霉素、四环素等治疗,维持到取皮期淘汰。

二十九、丹 毒

本病是由猪丹毒杆菌引起的急性败血性传染病。自然条件下,本菌主要侵害 3～11 月龄的猪。毛皮兽中水貂对本病易感,鼠类和鸽子最易感,家兔次之。病兽和带菌动物是本病的主要传染源。水貂吃了污染本病原的畜禽肉及其加工副产品即可感染,鱼类及其加工副产品携带本菌的也较为普遍,应引起重视。本病多呈散发,阿留申貂较其他品系貂发病多。耐过丹毒的动物,常可获得较强的免疫力,一般不再发病。有的耐过病兽带菌时间长,虽自身不发病,但不断向外排菌,污染周围环境。

【病原特性】 光滑型菌的菌体细小,直或略弯,长 0.5～2.5 微米,宽 0.2～0.4 微米。粗糙型菌常呈长丝状,且有分枝,呈链状排列,无鞭毛,无荚膜,无芽胞。革兰染色阳性。

本菌为微需氧菌或兼性厌氧菌。初次培养可用兔血牛心浸液半固体培养基,接种后置于含 5％～10％二氧化碳的容器中,经 20～37℃培养 24 小时,距半固体培养基表面下数毫米处的菌落发育最佳,呈带状生长。在血液琼脂平板培养基上,光滑型菌落细小,圆形,凸起,有光泽,质软,易混悬于液体中;粗糙型菌落呈颗粒状,与炭疽杆菌的小菌落颇相似,也有不整齐的卷发状边缘。糖发酵不规则,通常分解葡萄糖、乳糖,产酸不产气,不发酵麦芽糖、甘露醇、蔗糖。氧化酶、触酶、甲基红及 VP 反应试验均为阴性,产生硫化氢,不形成吲哚,不液化明胶,不还原硝酸盐。

本菌对湿热的抵抗力弱,加热至 55℃ 经 15 分钟,70℃ 经 5 分钟死亡。但在干燥状态下可存活 3 周。在肉内能存活 1～3 个月,一般消毒剂均能很快将其杀死。

【临床症状】 病貂精神委靡,食欲锐减或完全废绝,粘膜紫绀,鼻镜干燥,鼻腔和眼角有粘液性分泌物。后肢关节肿大,行走无力或呈瘫痪状态,趾掌部水肿,排尿排便失禁。体温升至 42℃,呈稽留热。呼吸困难、频数、浅表。常于发病后 2～8 小时死亡。

【病理变化】 以全身性急性败血症变化为特征,肺充血、出血或有坏死灶。胃肠充血、出血。脾脏肿大、淤血。肾脏有大小不等的出血点。淋巴结肿大、充血,切面多汁。心包积水,心肌有炎症变化,心内膜点状出血。

【诊　断】 细菌学检验可采取新鲜心血、脾、淋巴结、肾、骨髓等涂片、镜检,发现革兰染色阳性,菌体较细长,正直或微弯曲,成对或成丛的细菌时,可作出初步诊断。将病料接种于血液琼脂和血清葡萄糖肉汤培养基中,培养 48 小时后,观察培养特性,再进一步镜检。动物接种可取病料或培养物分别给小鼠皮下注射 0.2 毫升、鸽胸肌注射 1 毫升,豚鼠皮下注射 1 毫升。小鼠和鸽子于接种后 2～5 天死亡,体内检出大量丹毒杆菌,豚鼠则无反应。据此即可确诊。

【防治措施】 对猪、鸡、鱼肉类饲料应进行细菌学检查,如发现有丹毒杆菌,应禁止饲喂。预防可接种活菌苗和甲醛菌苗,预防效果较好,但对于毛皮兽是否有效,尚待研究。

对病兽要隔离治疗。病初可用抗猪丹毒血清 3～5 毫升皮下注射,24 小时后重复注射 1 次,并以青霉素 20 万～40 万单位,每日肌内注射 2 次,连用 3 天,每日口服四环素 0.05～0.25 克,至痊愈为止。被病兽污染的笼具要彻底消毒。

三十、念珠菌病

念珠菌病俗称鹅口疮,是由念珠菌属真菌引起的以消化道粘膜或皮肤糜烂、形成伪膜和溃疡为特征的传染病。本病为人兽共患传染病,世界各地都有流行,毛皮兽中以水貂较易感。该菌通常寄生于动物的消化道粘膜上,也可从土壤中分离出此菌。机体营养不良、维生素缺乏、饲料成分不全、长期使用广谱抗生素或因疾病导致机体抵抗力降低时,均可由内源性感染而发病。也可通过接触等途径感染。高温潮湿季节多发,幼兽发病率较高。

【病原特性】 念珠菌病的主要病原体是白色念珠菌,其次是热带念珠菌及克柔念珠菌。

白色念珠菌是一种卵圆形芽生酵母样真菌。在培养物和组织、分泌物中能产生芽生酵母样细胞和假菌丝,革兰染色阳性,芽生酵母样细胞的大小为 2～3 微米×4～6 微米。在特殊培养基上培养时,能产生圆形厚膜的孢子,孢子直径 8～10 微米。在室温下培养于沙氏培养基上,能形成软奶油样菌落,有酵母味,表面生长物由卵圆形芽生细胞组成。

【临床症状】 病变常发生于口腔和食管。口腔出现鹅口疮和舌炎,口腔粘膜上形成 1 个大的或许多小的隆起软斑,表面覆有黄白色假膜。假膜剥离后留下溃疡面。病兽疼痛不安,呕吐或腹泻。有的跗部肿胀,趾间及周围皮肤皱襞处糜烂,有灰白色和灰红色分泌物。有的发展成瘘管。后期常有1～2个甚至全部爪溃烂脱落，指部暴露鲜嫩肉芽。病原菌侵入肺部时，病兽精神沉郁，食欲锐减或废绝，体温升高，咳嗽，呼吸困难。

【诊　断】　除检查临床表现外，应做实验室诊断来确诊。

1. **镜检法**　取病变部位的棉拭或刮屑、痰液、渗出物等作涂片，如为皮屑、稠痰、假膜等，则需要加10%氢氧化钾液，在火上微微加温、助溶，然后以低倍或高倍显微镜观察。用革兰染色法或瑞氏染色，可见念珠菌为卵圆形、薄壁、有芽生酵母样细胞，有时可见菌丝及芽生孢子。

2. **真菌培养法**　将病料接种于沙氏培养基上，放室温下或37℃中培养，然后检查典型菌落中的细胞和芽生假菌丝。白色念珠菌在玉米培养基上或其他分生孢子增生培养基上，能产生厚垣孢子，这一点是重要的鉴别标志。

3. **动物接种法**　将病料制成1‰混悬液或用纯培养物，对家兔进行静脉注射接种，剂量为1毫升，经3～5天被接种兔死亡。剖检可见肾脏肿大，在肾皮质部散布着许多小脓肿。如接种为耳内皮内注射，40～50小时局部形成脓肿。

4. **血清学检查法**　免疫扩散试验、乳胶凝集试验和间接荧光抗体试验，对全身性念珠菌病的诊断有一定的价值。

【防治措施】　预防本病首先要消除诱发本病的各种因素，加强饲养管理，饲料要合理搭配，避免长期用广谱抗生素和皮质类固醇。保持圈舍、笼室清洁干燥，勤换垫草。

治疗可用制霉菌素片、三苯甲咪唑或两性霉素B，同时给予青霉素、链霉素预防继发感染。制霉菌素片（每片50万单位）每次内服1片，1日3次，连用10天以上。局部病变涂制霉菌素软膏（10万单位/克）每日2～3次，或涂5%碘甘油、

1%龙胆紫。饲料中加 2%～4%大蒜,能预防本病。

三十一、隐球菌病

隐球菌病是由新型隐球菌引起的以侵害中枢神经系统和肺,发生精神错乱、咳嗽气喘、视力障碍为特征的亚急性或慢性真菌病。狐、水貂、貉、犬等均易感。本病菌广泛存在于自然界,通过呼吸道,偶尔通过皮肤或消化道侵入机体,再经血液、淋巴液扩散到脑部及其他器官。

【病原特性】 新型隐球菌为一种酵母,在体内外的形态一致。在营养缺乏的培养基内不产生菌丝,也无子囊孢子,在组织中呈圆形或卵圆形,直径 4～12 微米,行出芽繁殖,菌体常围绕有宽的荚膜。用苏木紫伊红及 PAS 染色时,荚膜不着色;用美蓝染色,菌体呈异染性紫色;用阿新蓝染色呈蓝色;用粘蛋白卡红染色时则呈红色。

【临床症状】 本病主要侵害脑神经系统和鼻窦,肺部感染虽也常见,但因症状不明显而常被忽视,皮肤、骨骼和其他内脏损害比较少见。临床症状多种多样,一般为神志不清,呕吐不止;有的精神错乱,摇头摆尾,不停旋转;有的行为异常,运动失调;有的感觉过敏,视觉障碍。肺部受侵害时,连声咳嗽,鼻流浆液性、脓性或出血性鼻漏,鼻腔、鼻窦旁有囊状病灶,呼吸困难,胸部疼痛。病兽还可出现弱视、抽搐,甚至意识障碍,少数病例出现急性肺炎症状。

【病理变化】 中枢神经系统病变常发生于脑部冠状切面的灰质部分,可有多数小囊状病灶,并可见有光泽而增厚的脑膜。如细胞反应明显,则脑膜与皮质粘着。部分病例的脑膜及脑实质出现肿瘤样肉芽肿,蛛网膜下腔有粘液性渗出物。肺部病变可有少量淋巴细胞浸润,肉芽肿形成以至广泛纤维化,在肺纤维性干酪性结节内尚可见到坏死灶。

【诊　断】　本病除检查临床症状表现外,主要靠实验诊断来确诊。

1. **直接涂片镜检**　取脑脊髓液、脓汁、痰、粪、尿、血、胸水或病变部位的组织涂片,加一点墨汁染色,盖上盖玻片。镜下检查可见有圆形、壁厚、菌体直径 4～12 微米、外圈有一透光厚膜、孢子出芽、孢子有一较大的发光颗粒的真菌,即可确诊。

2. **真菌培养**　将病料接种于葡萄糖蛋白琼脂培养基上,在室温或 37℃下培养 2～5 天,即可生长。菌落为酵母型,初为乳白色细菌样菌落,呈不规则圆形,表面有蜡样光泽,以后菌落增厚,由乳白奶油色转变为橘黄色,表面逐渐发生皱褶或放射状沟纹。

3. **动物接种**　以小白鼠最敏感。以腹腔、尾静脉或颅内注射病料或培养物,小白鼠在 2～8 周内死亡。从病料取样可检出本菌。

4. **血清学试验**　补体结合反应、凝集试验、间接荧光抗体试验,可用于本病的诊断。

【防治措施】　预防本病首先要加强管理,防止发生外伤。发现病兽立即隔离。可选用两性霉素 B、S-氟胞嘧啶、克霉唑、酮康唑、益康唑治疗。侵害大脑、脑脊髓的病例,多以死亡告终。体表病灶可用手术切除,如切除不彻底时往往复发。

三十二、组织胞浆菌病

本病是由荚膜组织胞浆菌引起的以顽固性咳嗽或下痢为特征的真菌性传染病。毛皮兽中狐狸、貂、鼬鼠等最易感。本菌通常存在于动物笼舍周围土壤或尘埃中。动物吸入带菌的尘埃或摄取被污染的饲料而感染。

【病原特性】 荚膜组织胞浆菌常见于各种组织中,多半存在于细胞里面,为 1～5 微米大的卵圆形小体,可以培养于萨保劳葡萄糖琼脂培养基上。荚膜组织胞浆菌能在土壤中生长,常能从鸡粪中分离到,而鸡并不发病。

【临床症状】 通过呼吸道感染的病兽,表现精神沉郁,食欲不振,体温升高,连声咳嗽,呼吸困难,体重下降,严重者常窒息而死亡。消化道感染的病兽,表现精神倦怠,拒食,呕吐,顽固性下痢,粪便带血,口腔粘膜发生溃疡,颚扁桃体肿大。严重者预后不良。急性病例经过 2～5 周后死亡。8% 病例缓慢发病,发生咳嗽、腹泻,持续期 3～4 个月至 2 年。

【诊　断】 发现久治不愈的慢性咳嗽或腹泻病兽时,即应怀疑是否为组织胞浆菌病。

1. **皮内试验** 皮内注射荚膜组织胞浆菌素 0.1 毫升,注射后 48 小时检查,注射部位出现水肿或发硬,其面积在 5 平方毫米以上,即可判为阳性反应。

2. **直接镜检** 采取颚扁桃体或淋巴结、肝脏、外周全血、骨髓等涂片,用姬姆萨或瑞氏染色法染色,镜检,可在巨噬细胞内发现该病原体,同时发现网状内皮细胞增生,即可确诊为本病。

3. **其他检查** 补体结合试验、乳胶凝集试验、免疫扩散试验、荧光抗体试验等,可用于本病的诊断。

【防治措施】 急性散发性荚膜组织胞浆菌病通常是致死性的。慢性病例经全身治疗,最后有半数以上可以康复。发现病兽后及时隔离,可用两性霉素 B 与利福平合并治疗。也可试用乙基香草酸盐、制霉菌素等治疗。

预防重点是加强卫生管理,防止空气污染,注意饲料卫生。此外,人对该病也有易感性,应注意预防。

三十三、皮肤真菌病

本病俗称脱毛癣,是由小孢子霉菌属引起的以皮肤呈现圆形或轮状癣斑为特征的真菌性皮肤传染病。多种动物和人均可感染。毛皮兽中北极狐、银黑狐、貂、貉、毛丝鼠等均易感。本病主要通过动物之间直接接触感染,也可经被污染的用具、笼舍及虱、蚤、蝇、螨等传播。病原可依附在植物或其他动物身上,或生存在土壤中,在一定条件下传染毛皮兽或饲养人员。本病一年四季均可发生,于潮湿的夏秋两季较多见。兽舍温度高、潮湿、阴暗、污秽、动物营养不良、皮肤被毛不洁,皆可促进本病发生。此病发生一般无年龄差别,幼兽易感性强,食物中维生素缺乏,特别是维生素C不足时,对本病的发生也起一定的作用。

【病原特性】 本病病原主要是犬小孢子菌、石膏状小孢子菌、须发癣菌等。

1. **犬小孢子菌** 于萨氏培养基上在24℃培养时发育迅速,菌落最初呈白色薄层,可产生透明的黄色色素,经2～4周后,表面呈淡黄褐色粉样乃至棉絮状,里面呈淡黄色或暗黄褐色,菌落有时中心隆起,有时呈同心圆环状。显微镜下观察,可见到呈纺锤形、壁厚而粗糙的大分生孢子,长60～90微米,宽15～25微米。遭受本菌感染的被毛,在伍兹(Wood'S)灯下发生具有绿黄色的荧光。

2. **石膏状小孢子菌** 于萨氏培养基上在24℃温度下培养,能迅速发育,菌落表面扁平,边缘部呈白色短绒毛状,其余全部为粉末状。表面的颜色中心部较浓,呈淡黄色乃至暗褐色。显微镜检查时,见有多量大分生孢子,其长度45～50微米,宽 10～13 微米,孢子形状呈桶状,极薄,被覆带棘的壁膜。小分生孢子是单细胞,呈棒状,菌丝是侧生的。本菌一般生存于土壤中,犬舍附近的土壤具有较高的分离率。

3. 须发癣菌 于萨氏培养基上,在 24℃ 下培养时其发育状态是多种多样的,产生的色素也不同,显微镜所见多数是单细胞圆形小分生孢子,附着于这些菌丝侧方,呈葡萄房状。大分生孢子是细长棒状的,壁薄光滑,长 30～45 微米,宽 5～10 微米。

本菌对外界环境具有极强的抵抗力,耐干燥,能耐受100℃ 干热 1 小时,对湿热抵抗力不强。对一般消毒药耐受性很强,1％醋酸 1 小时,1％氢氧化钠数小时,2％福尔马林半小时,可将其杀死,对一般抗生素及磺胺类药物均不敏感。

【临床症状】 病兽面部、耳部、四肢皮肤发生丘疹、水泡,形成圆形、椭圆形或不规则的癣斑,表面附有石棉板样的鳞屑,被毛脱落。有的癣斑中央部开始痊愈长毛,而周围继续脱毛,呈现轮状癣斑,严重者病变蔓延至大部分躯体,皮肤发生红斑隆起,有的形成结痂或感染化脓。病兽瘙痒不安,食欲减退,逐渐消瘦,贫血,生长发育迟缓。

【诊 断】 根据临床症状和真菌学检查可以得到确诊。真菌学检查包括伍兹灯照射试验、显微镜检查及培养检查。

1. 伍兹灯照射试验 伍兹灯是能产生波长 366 纳米的紫外光荧光灯,在暗室内照射被毛,被感染者发出黄绿色乃至蓝绿色荧光,可作为诊断依据。出现黄绿色荧光者为犬小孢子菌。石膏状小孢子菌感染时很少见到荧光。须发癣菌感染无荧光出现。

2. 显微镜直接检查法 在病兽皮肤的病灶边缘采集被毛、鳞屑、痂等病料,置载玻片上,加数滴 10％氢氧化钾溶液,徐徐加温,标本透明后,覆盖玻片,镜检,可见有分枝的菌丝及各种孢子。

3. 真菌染色法 用乳酸石炭酸棉蓝染液,滴于载玻片上,加入病料混合,再盖上玻片,镜检。染液配方:石炭酸(结晶)20克,乳酸20毫升,甘油40毫升,棉蓝0.05克,蒸馏水20毫升。将石炭酸、乳酸及甘油溶解于蒸馏水中(可加热溶解),再加入棉蓝即可。

患部拔下的毛,用氯仿处置后,若有真菌感染,毛变成粉白色。

4. 培养检查法 将病料接种于添加抗生素的萨氏培养基上,在24～37℃下培养1～4周。将培养出的菌落再进行分离培养,然后对菌种进行鉴定。

5. 动物接种实验法 常用豚鼠或兔做试验。用病料作皮肤擦伤感染,经7～8天出现炎症、脱毛或癣痂者,判为阳性。

【防治措施】 平时加强饲养管理,注意动物体表卫生,饲养人员注意自身防护,防止感染。患皮肤霉菌病的人不要与毛皮兽接触,以免散播本病。

发现病兽应隔离治疗。病兽窝、箱、笼舍可用5%硫酸石炭酸热溶液(50℃)或5%克辽林热溶液(60℃)消毒。将病兽局部残存的被毛、鳞屑、痂皮剪除,用肥皂水洗净,涂以克霉唑软膏或益康唑软膏、癣净等药物。在局部治疗的同时,可内服灰黄霉素,每日25～30毫克/千克体重,连服3～5周,直到痊愈为止。

三十四、毛霉菌病

本病是由总状毛霉菌引起的以形成血栓或肉芽肿为特征的真菌病。毛霉菌在自然界广泛存在,霉烂水果、蔬菜、饲料及土壤中均有。其孢子可随空气传播,毛皮兽吸入含有该菌的孢子的空气或食入被污染的食物,均可感染。公兽包皮被感染后,也可通过交配使母兽感染。

【病原特性】 毛霉菌菌丝宽 6～50 微米,不分隔,外形不规则,分枝呈直角,在组织切片中,菌丝可以被苏木紫伊红、PAS 等染色法着染。在一般培养基中,于 25～37℃时生长迅速。

【临床症状】 病兽体况消瘦,可视粘膜苍白,皮下淋巴结肿大,有的肌肉颤抖,运动失调。消化道感染时拒食,呕吐,腹泻。肺部感染时呈现肺炎症状,咳嗽,气喘,呼吸困难,体温升高,后期常因呼吸功能紊乱,心力衰竭而致死。

【病理变化】 本菌侵入血管时可引起血栓和邻近组织缺血、坏死、出血,炎症区有多量嗜中性粒细胞浸润。在血管壁内可见 6～50 微米宽的菌丝。剖检可见肠壁形成肉芽肿,肠系膜淋巴结肿大、变硬,切面呈现黄色的肉芽肿。

【诊　断】 根据临床症状、诱发因素,毛霉菌检查及病理组织切片镜检发现血管壁内有菌丝即可确诊。组织切片观察时,本病须与念珠菌病相鉴别。二者在组织内部都表现为菌丝型。毛霉菌多侵害血管壁,菌丝粗、不分隔,分枝呈直角,有血栓引起的组织梗死和坏死;念珠菌极少或不侵害血管,引起炎症或肉芽肿,菌丝分隔又分枝,菌丝细,有时可见芽生酵母样细胞。

【防治措施】 发现病兽立即隔离。可应用两性霉素 B、制霉菌素、克霉唑、5-氟胞嘧啶治疗。

严禁用霉烂的水果、蔬菜、饲料饲喂动物。阴茎包皮受感染的公兽不能作种用。保持动物舍环境卫生,防止尘埃飞扬。

第五章　毛皮兽寄生虫病的防治

一、蛔虫病

蛔虫病是毛皮兽饲养业的重要病害之一。据文献记载,成年母狐饲养于泥土或木质地板笼舍内的,几乎100%的感染蛔虫。

感染肉食兽的蛔虫有两种。一种为小弓首蛔虫,主要寄生于成年狗和北极狐,银黑狐次之;另一种叫弓首蛔虫,寄生于犬、狐、北极狐(特别是仔狐)、狼、猫、虎、狮等肉食兽的小肠及胃内。蛔虫寄生引起消化障碍,消瘦,毛皮品质下降等,影响生产繁殖,严重的引起大批毛皮兽死亡。

【病原特性】　蛔虫有雌雄之分。雄小弓首蛔虫虫体长4~6厘米,有逐渐变细的附属物——尾及两根对称的交合刺(1.2~1.5毫米);雌小弓首蛔虫体长6.4~10厘米,阴门位于虫体的前半部。卵有带光滑的膜,直径0.075~0.085毫米。

雄弓首蛔虫体长5.5~10厘米,具有弯曲的尾端,在尖端有两根交合刺(长0.75~0.85毫米);雌虫体长9~10厘米,有直的尾巴,阴门亦位于虫体的前半部。卵有壳,长达0.08~0.085毫米。

小弓首蛔虫的卵随宿主的粪便排到外界,在温度30℃和足够湿度条件下,经3天发育成幼虫卵,即为侵袭性虫卵。侵袭性虫卵随同饲料或饮水一起进入肠内,幼虫从虫卵逸出,钻出肠壁,经过若干时间的发育,幼虫又回到肠腔内,再经过3~4周的发育,即成成虫。

弓首蛔虫虫卵随着宿主的粪便排出体外,在适当的条件下,经过 50 天发育,变为内含幼虫的侵袭性虫卵。侵袭性虫卵随污染的饲料或饮水进入宿主肠内,尔后孵出幼虫。幼虫进入肠壁血管,随血行至肺,再进入呼吸道,沿支气管、气管到口腔,再经咽下至小肠,在小肠内发育为成虫。一部分幼虫移行到肺以后,经毛细血管进入大循环,经血行而被带入其他脏器和组织内,形成被囊,遂不能转变成成虫,而带有被囊的脏器被其他肉食兽吞食后,仍可发育为成虫。

侵袭性蛔虫卵进入怀孕母兽体内时,其幼虫可经胎盘感染胎儿。胎儿在子宫内时幼虫只寄生于胎儿血液中,仔兽出生后,幼虫开始进入仔兽肠壁。

【临床症状】 狐及北极狐蛔虫病的症状是消瘦,贫血,食欲不振,呕吐,先下痢后便秘,有时出现异嗜。幼狐发育不良,生长迟缓,腹部膨大,有的病兽吐出蛔虫,有时腹痛,呻吟,被毛松乱,腹下有时无毛。病兽出现颈细腹大,行走时腹部下垂,呈"元宝"形。因蛔虫毒素侵害,病兽出现神经症状如癫痫发作等。有的病例不影响食欲,病兽临死前还在吃食。

【诊　断】 据临床症状及粪便检查有蛔虫虫体和蛔虫卵,即可确诊。

【防治措施】 预防本病主要是要清除蛔虫卵。注意粪便及垃圾的处理。定期检查兽群粪便,掌握毛皮兽感染蛔虫情况,养兽场内每年进行两次驱虫,第一次在 6～7 月份,第二次在 11～12 月份。

本病可使用药物治疗。常用的药物有:

1. 四氯乙烯　狐内服量为 15～30 日龄 0.1 毫升,45～60 日龄 0.3 毫升,75～90 日龄 0.65 毫升。3 个月以上日龄 0.7 毫升。装在胶囊内投予。在投药前 3 天至投药后 3 小时内,日粮中应除去脂肪。为避免中毒,日粮中加入 2%氯化钙 20～25 毫升。

在投药后 6 小时宜服泻剂。狐驱虫后的泻剂用量见表 3。

表 3 狐驱虫后的泻剂用量 （单位:毫升）

日　龄	液体石蜡	蓖麻油
15～30	0.5	0.5
45～60	2.0	2.0
75～90	3.0	3.0

把泻药混于乳、豆汁、谷物粥或饮水中喂给。投泻药后过几小时可以喂给饲料,但应注意去掉脂肪。

2.土荆芥油(又叫香黎油)　多用于 90 日龄以内的仔兽,可同时将土荆芥油 1 份混入蓖麻油 29 份内投给。土荆芥油剂量为 20～30 日龄仔狐 1 毫升,1～2 月龄狐 2 毫升,2～3 月龄狐 3 毫升。

此外还有盐酸左旋咪唑、驱虫净,狐、貉一般投药 10 毫克/千克体重,硫化二苯胺(吩噻嗪)、龙香末,加到 1%琼脂溶液中投给。

二、钩 虫 病

本病是由犬钩虫、貉钩虫、狭头弯口线虫寄生于毛皮兽的小肠,以食欲不振、渐进性消瘦、呕吐、下痢及便秘为特征的线虫寄生病。犬钩虫虫卵随粪便排出体外,在阴暗潮湿且有氧气的环境中(20～30℃)经 12～30 小时孵化出幼虫,再经 1 周左右蜕化成感染性幼虫。感染性幼虫经口感染后,在肠道内发育为成虫;经皮肤、粘膜感染时,先脱去其鞘膜,进入外周血液,随血流至右心,然后沿小循环至肺,被肺脏中的毛细血管阻留以后,幼虫钻进肺泡中,循着支气管和喉头移行进入咽腔中,于寄主吞咽时达到胃,最后固着于小肠壁,发育为成虫。也可通过胎盘感染。狭头弯口线虫的感染性幼虫主要经消化道感染。犬、狐、猫、獾、浣熊等肉食兽均易感,全国各地均有发生,多见于气候温暖的南方。本病为人兽共患线虫病。

【病原特性】 本病的虫体为钩虫属钩口科,至少包括9属100余种。其共同特点有大而发达的口囊和口腔,口囊腹面前缘有1对切板,口囊向虫体背面仰曲。雄虫尾端有由肌肉性辐肋构成的交合伞。寄生范围极广。

犬钩虫呈微白色,线状,尖端稍弯向背面,具有很发达的口囊,在其前缘腹面有3对锐利的钩状齿,其大小自内至外逐渐增大。雄虫长9～12毫米,雌虫10～12毫米,卵长63～75微米,宽43～47微米,含4～8个分裂细胞,有的更多。

狭头弯口线虫为淡黄色线虫,两端稍细,较犬钩虫小,口弯向背面,口囊发达,其腹面前缘两侧各有一片半月状切板。雄虫长6～11毫米,雌虫长9～16毫米,虫卵同犬钩虫卵相似。

【临床症状】 病兽食欲不振,衰弱,精神沉郁,结膜苍白,异嗜,呕吐。前期便秘,后期腹泻,粪便中常带血。渐进性消瘦,被毛粗乱,无光泽,易脱落,皮肤有时发痒,有时发生皮炎,出现脓疱和溃疡。病兽有时咳嗽,呼吸迫促,严重者四肢和腹下水肿,以至水肿部位破溃,流黄色渗出液。口角和口腔粘膜糜烂,最后呈恶病质状态。尽管钩虫病分布十分广泛,对动物危害性十分严重,但它是一种慢性病,直接死于急性钩虫病者并不多见。

【病理变化】

1. 成虫所致的病变 主要在于虫体吸血时所造成的肠粘膜咬噬伤口和出血点。这些伤口和出血点的直径为 3～5 毫米。因组织损伤仅限于粘膜层，而该组织的修复速度甚快，虫体移换部位以后，数小时内伤口即可完全消失，一般在尸检时见不到出血点。损伤较重者，局部肠绒毛变成扁平或相互融合。粘膜层、粘膜固有层及粘膜下层可见有嗜酸性粒细胞及淋巴细胞浸润。

2. 幼虫所致病变 被感染期钩虫幼虫侵入处的皮肤有局部炎症，初期多为小型充血斑点，以后变为小型丘疹，再后变为水泡，幼虫经血行到达肺部，自微细血管穿入肺泡时，肺部出现点状出血，可涉及大块肺组织，并出现肺炎病变和相应的呼吸道症状。

【诊　断】 粪便虫卵检查，可将 50 毫克粪便标本在载玻片上涂成 20 毫米×25 毫米大的厚膜，加覆已经在甘油-孔雀绿中（纯甘油 100 毫升，水 100 毫升，3％孔雀绿 1 毫升）浸泡 24 小时的玻璃纸盖片（约 22 毫米×30 毫米）。静置室温约 1 小时，或 30～40℃（干温箱或灯光下）半小时，以使虫卵透明。在低倍显微镜下计算全片的虫卵数。也可检查剖检尸体中小肠组织，见到寄生有大量钩虫体，即可确诊。

【防治措施】 防治钩虫病的关键在于人、畜粪便的管理和处理。因为随人、畜粪便排出的钩虫卵和感染期幼虫，是人、兽感染此病的唯一来源，必须在粪便尚未散开以前杀死其中的钩虫卵，以杜绝传染源。这是预防本病的根本。

对病兽可选用下列药物驱虫：左旋咪唑 5～10 毫克/千克体重；丙硫咪唑 5～10 毫克/千克体重；二碘硝基酚 10 毫克/千克体重；双羟萘酸噻嘧啶 6～25 毫克/千克体重。经口投服，连用 5～7 天。

三、绦 虫 病

绦虫病是由棘球绦虫、泡状绦虫、带状属绦虫等寄生于狐、貉、野猫的小肠中,幼虫寄生于马、牛、羊、骆驼、鹿、猪及人的内脏网膜等处,轻度感染时常不引起明显的临床症状,重度感染时,才表现症状。兽体内的各种绦虫的寄生寿命较长,可延续数年之久。绦虫的孕卵体节有自行爬出肛门的特性,极易扩散虫卵。病兽之间可互相传染。

【病原特性】 绦虫种类较多,现择其主要者叙述如下。

1. **棘球绦虫** 体长 3.5～9 毫米,由 1 个头节和 3～4 个体节组成。头节上有 4 个吸盘,在突出的顶突上有两列小钩,约 28～50 根。成熟体节含有雌雄生殖器官。睾丸 25～55 个,雄茎囊呈梨状。仅最后一节为孕卵体节,长度超过虫体全长的一半,其上分出许多袋形侧枝的子宫,内含虫卵。虫卵为 32～40 微米×28～30 微米,外层具有辐射状的线纹,外膜较厚,卵中有六钩蚴。本绦虫的幼虫称为棘球蚴,主要寄生于草食兽等的肝和肺中。

2. **泡状绦虫** 体长 120～300 厘米,顶突上有 26～44 个钩,排列成两列。前端的节片宽而短,向后逐渐加长,孕节长大于宽,孕节子宫每侧有 5～10 个粗大分支,每支又有小分支,其间充满虫卵。虫卵大小为 38～39 微米,内含六钩蚴。它以各种大家畜为中间宿主,幼虫细颈囊尾蚴寄生于猪、牛、羊、鹿的大网膜、肝脏等处,俗称"水铃铛"。

3. **带状属绦虫** 包括牛带状绦虫和猪带状绦虫,其成虫均寄生于人体,引起肠绦虫病,幼虫期导致人和兽的囊尾蚴病。成虫呈乳白色,扁长如带状,长 5～10 米,最长可达 25 米,前端较细，向后渐扁阔。头节略呈方形，直径 1.2～2 毫米，无顶突及小钩，其顶端微凹陷，常含有色素而略呈灰色，有 4 个杯状吸盘，直径为 0.7～0.8 毫米，位于头节的四角。颈部细长，与头节相连而无明显界限。连体由 1 000 个节片组成。

【临床症状】 轻度感染者一般不显临床症状，重度感染时，病兽被毛粗糙，食欲减退，喜卧，不愿活动，呕吐，腹泻或便秘，渐进性消瘦，贫血。严重感染的幼兽，有衰竭而死亡的。

【诊　断】

1. **检查虫卵** 用饱和盐水浮集法检查粪便中的虫卵，或用肛门拭子法检查虫卵。取样涂片镜检，发现孕卵节片、虫卵，即可作出初步确诊。随宿主粪便排出的孕节，在粪便表面的很容易被发现，粪块内部的节片须将粪便冲淘后才能见到。节片用清水洗净后，夹在两张载玻片中，对着光线即可看见子宫的分支情况及侧枝数目，借此可作出明确的诊断。

2. **免疫学检查** 由于病兽生前诊断较困难，目前主要研究和应用的是免疫诊断方法，包括以不同虫体匀浆或虫体蛋白质作抗原进行皮内试验、环状沉淀试验、补体结合试验、乳胶凝集试验等，其效果取决于抗原的纯度。

病兽死后剖检肌肉中的囊尾蚴极易被发现。

【防治措施】 预防措施主要是加强卫生管理，做好粪便处理工作，禁止将含有各种绦虫幼虫的动物肉及内脏饲喂毛皮兽，兽场附近不要养兔，防止鼠类进入兽场。每年应进行 2 次预防性驱虫。对病兽选用下列药物驱虫：吡喹酮 3～5 毫克/千克体重，氢溴酸槟榔碱 2.5～3 毫克/千克体重，氯硝柳胺 120～130 毫克/千克体重，盐酸丁萘脒 25～50 毫克/千克体重。均为 1 次口服，必要时可每日 1 次，连续口服 2～3 次。

四、棘头虫病

棘头虫病是由棘头虫寄生于毛皮兽的肠管引起的以下痢、肠道脓肿为特征的寄生虫病。寄生于毛皮兽体内的棘头虫主要有：棒体棘头虫，其成虫寄生于水貂、野猫、海狗等，中间宿主为甲壳类，贮存宿主为棘鳞鱼；中吻棘头虫，其成虫寄生于草狐、银鼠、鼬等，中间宿主为昆虫；犬巨吻棘头虫，其成虫寄生于狼、豹、狐狸、貉、獾等，中间宿主为拟步行虫，贮存宿主为食虫目、啮齿目动物。棘头虫雄虫与雌虫交配后，雌虫产卵，卵随宿主粪便排出体外，被中间宿主吞食后，虫卵在中间宿主的肠内孵化出棘头蚴，此幼虫穿过肠壁，进入体腔，发育成棘头体，继而发育为棘头囊，即具感染性。终末宿主吞噬了含有棘头囊的中间宿主，即可感染。棘头囊在终末宿主的消化道脱囊，以吻突固着于肠壁上，进而发育为成虫。

【病原特性】 棘头虫成虫呈乳白色，圆柱状，稍向腹侧弯曲，背腹略扁平，体表有明显的环状横纹。体前部较粗大，向后渐细，尾端钝圆。头部有一可伸缩的吻突，吻突上有 5～6 列强大的向后弯曲小钩。雄虫长 5～15 厘米，雌虫长 10～65 厘米，无消化器官。虫卵呈椭圆形，大小为 80～100 微米×40～50 微米。卵壳暗棕色，分 3 层，卵内含有带小钩的幼虫。

【临床症状】 轻度感染者一般不呈现临床症状，重度感染者，病兽精神沉郁，食欲减退，体温升高，渴欲增强，不愿活动，被毛蓬乱，衰弱消瘦，贫血，下痢，粪便带血，腹痛。当肠壁发生脓肿或穿孔时，动物食欲废绝，腹痛，体温升高，衰竭死亡。

【诊　断】 根据粪便中的特征性虫卵（卵内含有幼虫、卵壳由 3 层构成，呈暗棕色）可以作出诊断。检查粪便虫卵以直接涂片或沉淀法为佳。

【防治措施】 发生棘头虫病的兽场要及时清除粪便，运至远离兽场处进行生物热处理。消灭中间宿主甲虫幼虫，对可能寄生棘头囊的虾、鱼及其下脚料，必须蒸煮或阴干、冷冻等处理后再喂动物。

目前尚无特效驱虫药，可试用磷酸左旋咪唑，剂量为肌内注射 8 毫克／千克体重，口服 15 毫克／千克体重。

五、旋毛虫病

旋毛虫病是由旋毛虫的幼虫和成虫寄生于毛皮兽引起的线虫病，毛皮兽中银黑狐、北极狐、水貂、黑貂等易感。易感的毛皮兽既是终末宿主，又是中间宿主。成虫在生长发育过程中，尤其是幼虫，在宿主体内移行，在横纹肌内形成包囊，都可使宿主致病。此为本病病原体的重要特征。毛皮兽食入寄生有旋毛虫的肉类饲料，幼虫逸出包囊，在肠道发育为成虫。雌雄交配后，雌虫在肠粘膜淋巴间隙产幼虫。新生幼虫进入淋巴和血流，随血液循环到各部肌肉，形成包囊，长期寄生。本病分布广，全国各地家畜及野生动物都存在旋毛虫感染，以东北、西北、河南和云南等地感染率较高。

【病原特性】 旋毛虫为一种肉眼难以看见的线虫，雄虫大小为 1.4～1.6 毫米×0.04～0.05 毫米，雌虫的大小为 3～4 毫米×0.06 毫米。成虫寄生在宿主动物的小肠里，称为"肠型旋毛虫"。幼虫寄生在同一宿主的肌肉组织中，称为"肌型旋毛虫"。肌肉中的旋毛虫呈盘香状卷曲在肌纤维之间，形成包囊。包囊呈梭形、黄白色小结节，长 300～500 微米，其中的旋毛虫抵抗力极强，在冻存的肉中经 250 天后还有感染力，加热至 43～55℃则于短时间内即会死亡。如果煮沸或高温处理的时间不够,肉煮得不透,肌肉深层的温度达不到使旋毛虫致死的温度时,其包囊内的虫体仍可保持活力。

【临床症状】 轻度感染者一般无明显症状。严重感染初期病兽食欲减少,体温升高,呕吐,轻度腹痛,腹泻,粪中混有粘液和血液。在幼虫移行期和包囊形成期,病兽厌食,消瘦,低热,有的呼吸困难,眼睑、下颌水肿,肌肉僵硬、肿胀、紧张、疼痛,严重者可引起死亡。耐过移行期和包囊形成期的病兽,症状逐渐减轻,长期消瘦,可视粘膜苍白,母兽可能发生流产或产死胎。一般在感染后1～3周各种症状达到高峰,然后逐渐减轻。在这个阶段最易发生死亡。一般感染后5～6周开始恢复,临床症状逐渐消失。

【诊　断】 旋毛虫幼虫不随粪便排出,宿主粪便中虽偶尔有旋毛虫,但极难查出,故粪便检查法不适于诊断本病。生前诊断可用间接血凝试验、酶联免疫吸附试验、间接免疫荧光法等,或取活组织检查肌肉旋毛虫。病兽死后在小肠或皮下肌膜、肌肉可发现有粟粒大的白色小结节,放于载玻片上进行压片,置于低倍显微镜下观察,如发现呈盘香状卷曲的幼虫,即可确诊。

【防治措施】 加强兽医卫生检验,严禁生喂寄生有旋毛虫的动物肉。被旋毛虫寄生的肉类一定要经高温消毒后才能使用。在煮肉时应将肉切成小块后再进行高温处理,以彻底杀灭虫体。对饲料仓库、饲料调配室及动物笼舍要经常灭鼠。对已确诊为旋毛虫病的病兽,可用丙硫苯咪唑治疗。使用时先将丙硫苯咪唑置乳钵中,按药物1份加经过煮沸冷却的液体石蜡6份,仔细研磨混合,全部过程均须无菌操作。给药总剂量为200毫克/千克体重,分两次深层肌内注射,2～4天为1个疗程。本药疗效高,安全可靠。

六、兔球虫病

兔球虫病是由各种球虫寄生于小肠和胆管的上皮细胞内，而引起的原虫病。其特征为病兔虚弱，消瘦，贫血及下痢。

本病是当前最严重的兔病之一。此病流行地区广，死亡率高达85%（幼兔尤其严重），严重影响家兔的生长发育。病兔体重减轻12%～27%，降低对疾病的抵抗力，给养兔业造成很大损失。

【病原特性】 侵袭家兔的球虫有七种之多，其卵囊形态大致相同，为卵圆形，长0.015～0.035毫米，宽0.012～0.02毫米，卵囊呈淡黄色。家兔吞食了污染球虫卵囊的饲料和饮水，即可感染本病。卵囊进入家兔肠管内后，卵囊上卵膜孔的原生质栓在胰液的作用下而溶解，孢子虫遂进入肠管和胆管上皮细胞内。

家兔球虫病往往是若干种球虫混合感染。这些球虫都在外界进行孢子的生殖过程（一般30～72小时），在宿主体内进行裂体生殖。这种生殖开始于感染后的7天，即孢子虫进入肠管或胆囊内上皮细胞7天后开始裂体生殖。一部分裂体形成有鞭毛的雄性小配子，另一部分裂体形成雌性大配子。此时小配子借助鞭毛的作用进入大配子内，结合为合子，即发育成卵囊。卵囊进入肠道中，随粪便排出体外，再开始第二个循环发育过程（图3）。

【临床症状】 球虫侵袭家兔后，寄生于肠上皮细胞内时，引起肠球虫症；寄生于胆管上皮细胞内时，可引起肝球虫症。临床上多为混合型，只是表现以一种症状为主。

肠球虫症主要表现为肠炎，食欲减退乃至废绝，病兔营养不良，日渐消瘦，腹部膨大，下痢，多尿。

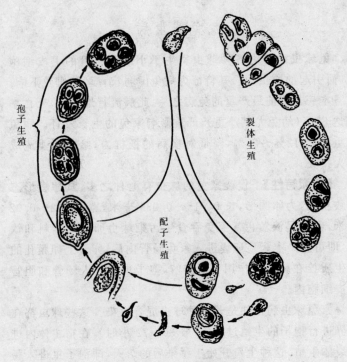

図子
生殖

裂体
生殖

配子
生殖

图3 球虫生殖过程

肝球虫症主要表现为胆管炎,家兔食欲不振或拒食,虚弱,发育迟滞,显著消瘦,贫血,黄疸,肝脏肿大,触诊有痛感。病兔2～3个月死亡。

【病理变化】 尸体消瘦,粘膜苍白或黄疸色,肠球虫症时肠壁血管充血,肠内充满气体和粘液,肠粘膜充血、出血,十二指肠壁肥厚,呈卡他性炎症。慢性病例肠粘膜上有坚硬、含有球虫的白色结节,并有小化脓灶。肝球虫症时肝肿大,表面出现许多圆形污白色或淡黄色的小病灶,病灶内充满球虫。

【诊 断】 根据流行病学、临床症状和剖检变化可作出综合诊断。确诊必须依据粪便检查和剖检材料的显微镜检查。

【防治措施】 预防本病,应保持饲料和饮水清洁(或用煮沸过的冷水)。不从球虫污染地区购买饲料,要防止贮存饲料被粪便污染。饲料使用前最好经过日晒。兔笼必须勤打扫。幼兔应加强饲养管理。患球虫病的母兔所生的仔兔要合理分群饲养。

兔场应建在高燥地点。笼舍采用木格漏缝地板,不使粪便堆积。打扫收集的粪便应堆好,用生物热消毒。笼舍定期用开水消毒,或用喷灯火焰消毒。病兔尸体应深埋或烧掉。

充分供给家兔所需营养,提高其对疾病的抵抗力。已感染球虫病的种兔,应逐步淘汰。

水貂及其他动物球虫病的防治,可参考家兔球虫病的防治方法。

本病的治疗目前还没有特效药物,病兔除应立即隔离饲养外,还可试用下列治疗方法。

1. **克辽林合剂** 克辽林 2.5 克,碳酸氢钠 4 克,糖浆 400克,水 2 000 毫升,配成合剂,每天 25 毫升,加于饮水中服用。

2. **鱼石脂合剂** 鱼石脂 2.5 克,碳酸氢钠 4 克,茴香油10 滴,水 2 000 毫升,配成合剂,每天 300～400 毫升,代替饮水。

3. **碘溶液** 自母兔怀孕 25 天起至泌乳期第五天止,每天喂给 0.01％稀碘溶液 100 毫升,停用 5 天,再从泌乳第十天起至 25 天止,每天喂给 0.02％碘溶液 100 毫升。仔兔从离乳时开始,最初 10 天每天喂给 0.01％碘溶液 50 毫升,停药 5天,然后再每天喂 0.02％碘溶液 70～100 毫升,连给 15 天。

配制 0.01％碘溶液的方法是在 1 000 毫升水中加入 10％碘酊 1 毫升或 5％碘酊 2 毫升即可。配制 0.02％碘溶液时水量减半即可。

4. 碘合剂 碘 1 克,碘化钾 2 克,溶于 50 毫升水中,再加入鲜牛乳 250 毫升,振荡后在文火上加热,使溶液由淡褐色变成褐色,再以此溶液按 1：6 的比例加水稀释,此溶液给家兔代替饮水,每次 250 毫升,连用 12 天。

5. 磺胺脒或磺胺嘧啶 将此药按饲料量的 1% 加入饲料中,混合后饲喂。有一定防治效果。呋喃类药物也有效。

也可应用生霉素 0.01～0.015 克/千克体重、合霉素 0.05～0.16 克/千克体重、羧苯甲酸磺胺噻唑 0.1 克/千克体重。以上这些药物可混于饲料中,1 天喂 2 次,连服 5 天为 1 疗程。

七、弓形虫病

本病又称弓形体病,是由龚地弓形虫引起的人兽共患寄生虫病。该病广泛分布于世界各地。猫属动物是弓形虫的终末宿主,多种哺乳类、鸟类、鱼类、爬虫类和人都是其中间宿主。猫吞食了弓形虫包囊后,即侵入肠上皮细胞内,进行球虫型的发育和繁殖。先是裂体生殖,以后是配子生殖,最后产生卵囊。病猫排出的卵囊污染环境、饲料、饮水,是重要的传染源。人和其他动物吞食弓形虫卵囊或带虫动物肉、脏器、乳汁都能引起感染。病原体也可通过损伤的皮肤、粘膜或经胎盘垂直感染。弓形虫是一种多宿主寄生虫,在自然条件下水貂、毛丝鼠、貉、银黑狐、北极狐均能感染。

【病原特性】 本病的病原体是龚地弓形虫,属于球虫目,弓浆虫科,弓浆虫属。目前认为世界各地寄生于人和动物的弓形虫仅为一种,但有株的差别。弓形虫为细胞内寄生虫,根据其发育阶段的不同出现五种形态:滋养体和包囊出现在中间宿主体内;裂殖体、配子体和卵囊出现在终末宿主体内。

滋养体呈新月形、香蕉形或弓形,大小为 3.3～6.5 微米×1～3.5 微米,一端稍尖,一端钝圆。用姬姆萨或瑞氏法染色后观察,见胞浆呈浅蓝色,有颗粒;核呈深蓝色,偏于钝圆一端,主要发现于急性病例中。

包囊型虫体呈卵圆形,有较厚的囊膜,囊中的虫体有数十个至数千个,包囊直径可达 8～100 微米。包囊主要出现在慢性病例和无症状病例中。

裂殖体在猫的上皮细胞内进行无性繁殖,一个裂殖体可以发育成许多裂殖子。

配子体是在猫的肠细胞内进行有性繁殖时的虫体。小配子体色淡,核疏松,后期分裂形成许多小配子;大配子体的核致密,较小,含有着色明显的颗粒。

卵囊随猫粪排至体外,呈卵圆形,有双层卵膜,大小为10～16 微米×7.5～10 微米。每个卵囊里形成两个孢子囊,每个孢子囊内含有 4 个长形弯曲的子孢子,大小为 8 微米×8微米,有残体。

【临床症状】 潜伏期 7～10 天,长者达数月,健康的成兽即使感染了弓形虫,发病程度也轻微,多不出现症状。幼兽多呈重度症状,急性感染病例可在 2～4 周死亡,慢性病例可维持数月,长期带虫。

1. **银黑狐、北极狐** 病狐临床表现为精神沉郁,体温升高,食欲减退或废绝,鼻孔及眼角有粘性分泌物,呼吸困难、浅表。继而腹泻,稀便中带血液,有时出现剧烈呕吐。有的表现极度兴奋,在笼内转圈跑动,尖叫。尔后四肢出现不全麻痹或完全麻痹,全身肌肉痉挛性收缩,最后心力衰竭而死亡。

2. **水貂** 病貂临床表现为兴奋性增高,极度不安,眼球突出,无目的地奔跑,腹泻,呼吸极度困难。有的听觉丧失,下颚运动障碍。之后转为沉郁,完全拒食,鼻端支着笼壁呆立不动,时而搔抓、啃咬笼网,驱赶时只能无方向地作转圈运动。并伴发结膜炎、鼻炎和便秘。耐过急性期的公貂性欲减退,母貂不发情、不受孕,或产死胎、畸形胎儿或弱仔。

3. 毛丝鼠　病鼠临床表现为眼球混浊,精神沉郁,运动失调,可视粘膜充血,呼吸困难,常发生便秘和化脓性鼻炎。幼龄病鼠食欲废绝,平衡失调,常向一侧翻转,多以死亡告终。

【病理变化】　剖检可见肠系膜淋巴结肿大,有点状出血和坏死灶。脾脏肿大、坏死,血管周围有浸润现象。胃肠内容物混有血凝块,胃肠粘膜充血,有溃疡或灰白色坏死灶。肺充血、水肿,表面有坏死结节,呈现红黄相间的大理石样硬变。肝脏呈淡黄色或黑紫色,表面有点状出血和坏死灶,质地脆弱。肾脏颜色变淡,被膜下有点状出血。脑、脊髓、视神经有退行性变化,脑膜及小脑充血。

【诊　断】　临床上很容易与犬瘟热等病相混淆,最终须做病原鉴定或血清学检测才能确诊。

1. 病原体检查　取病料(肺、淋巴结、肝、脾、脑)切成数毫米的小块,用滤纸吸干水分,放在载玻片上按压,使其均匀散开,迅速干燥,用甲醇固定,姬姆萨染色,镜检,可发现典型的半月状弓形虫。如虫体过少时,可将病料制成乳剂,每毫升加入 1 000 单位青霉素和 0.5 毫克链霉素,取小白鼠 5～10 只,每只腹腔接种 0.5 毫升,两周后发病,采腹水涂片检查,可发现典型的弓形虫。如初代接种不能发病,可于 1 个月后将小白鼠采血致死,检查脑内有无包囊。包囊检查阴性的,可在采血的同时做血清学检查。只有血清学检查也呈阴性时,方可判定该兽为阴性。

2. 血清学检查 检查本病的血清学反应主要有色素试验、补体结合反应、血红细胞凝集反应、中和试验、间接荧光抗体法、乳胶凝集试验、皮内反应、酶联免疫试验等。其中色素试验由于抗体出现早，持续时间长，特异性强，被广泛使用。其原理是当弓形虫在补体样因子（健康人血浆）作用下，与抗血清发生作用时，引起虫体细胞变性，使虫体对碱性美蓝不着色。如果被检血清中没有这种抗体，渗出液中的弓形虫即会染色。

【防治措施】 发现病兽应及时隔离，选用磺胺甲氧吡嗪，30毫克/千克体重，首次加倍，隔日口服1次，连用3次；磺胺嘧啶100毫克/千克体重，首次加倍，每日口服1次，连用3～4天。治疗必须在发病初期进行，如用药较晚，虽可使临床症状消失，但不能抑制虫体进入组织形成包囊，从而使病兽成为带虫者。病兽尸体、扑杀的胴体及流产胎儿要烧毁或消毒后深埋。取皮、剖检、助产、捕捉用具及被污染的笼舍，要彻底消毒。严防饲料、饮水被猫的粪便和排泄物污染。经常开展灭鼠工作。禁用带虫动物肉作饲料，可疑家畜肉及其加工副产品必须煮熟后再喂。

八、螨虫病

本病又名疥癣，是由各种螨虫寄生于动物皮肤所引起的慢性寄生性皮肤病。螨虫有三种：一叫疥螨，或称穿孔疥癣虫；二叫痒螨，或称吸吮性疥癣虫，毛皮兽常见的耳痒螨症，简称耳疥癣，即由此螨虫寄生而引起；三叫足螨或称食皮疥癣虫。这里重点介绍耳疥癣。本病常见于银黑狐、北极狐和家兔。其流行地区相当广。患耳疥癣的母兽可在哺育仔兽时把螨虫传给仔兽，常见1月龄左右仔兽患严重的耳疥癣。患耳疥癣的成年兽是幼兽的中间传染源。

【病原特性】 痒螨寄生于毛皮兽的耳壳内面、外耳道和鼓膜上。本螨虫体长 0.29～0.5 毫米,对外界抵抗力强,繁殖快,从卵孵化到发育为成虫只需 7～12 天,耳痒螨的外形见图4。

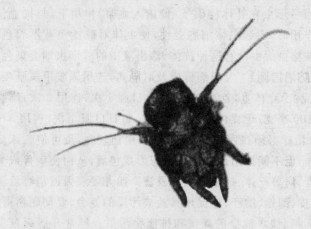

图4 耳 痒 螨

【临床症状】 病初见病兽耳部发痒,不断摇头,继而从耳中流出液状分泌物,形成干痂。有时见鼓膜穿孔,有时出现脑炎症状。病兽站立不正,或出现神经症状和痉挛。

【诊 断】 根据临床症状可作出初步诊断,必要时可从病兽耳壳内括取病料,放在黑色纸上,加热至 30～40℃,螨虫即出来爬行,肉眼可见到活动的小白点,也可用显微镜观察。发现螨虫即可确诊。

【防治措施】 治疗此病可用如下方法。

第一种方法,向耳壳和外耳道内滴入 1～1.5 毫升 3%～5%的滴滴涕油溶液,此类油溶液在滴入前最好先加热至30～35℃,然后用手轻轻按摩一下,使药液平均分布于患部。这种治疗经 5～7 天再重复 1 次,以期杀死新孵出的螨虫。病兽一定要隔离治疗,注意消毒。

第二种方法(适用于耳螨以外的痒螨),用镊子仔细清除患部干痂,用棉球醮煤油或松节油将患部擦拭干净,再涂以氯苯乙烷来苏儿合剂,一般 2～3 次即愈。氯苯乙烷喷射剂(内含氯苯乙烷、除虫菊酯、樟脑油)10 份,来苏儿 2 份,鲜牛乳(或水)17 份,甘油 1 份,混合均匀,即成白色乳剂。给小兔搽用时可再稀释,将牛乳或水改为 25 份。

第三种方法,涂碘乌合剂或石灰青蒿液。①碘乌合剂。5%碘酒 100 毫升,乌洛托品粉 25～40 克,充分溶解即成。用时患部用温水洗净,擦干,即可涂擦碘乌合剂,每日 3 次连擦 3～5 日。用药宜于饲喂后进行。②石灰青蒿液。生石灰 2 份,鲜青蒿 1 份,清水 5 份。将石灰加入清水搅均匀,10 分钟后取其上清液加入青蒿反复揉搓,使石灰水变成淡绿色即成。此混合液涂擦患部,隔日 1 次。对痂皮厚的可先涂少许药液使其软化再涂该液。轻者涂 1～2 次即愈,重者涂 3～5 次。

第六章 毛皮兽中毒病的防治

一、肉毒中毒

本病是由肉毒梭菌外毒素中毒而引起的中毒病。此毒素是在肉类饲料中的肉毒梭菌生长繁殖过程中产生的。本病的特征是病兽运动系统麻痹,首先是咀嚼和吞咽功能丧失,一些养貂场曾因肉毒中毒引起大批水貂死亡,造成重大损失,因此对此病的防治应予高度重视。

【病原特性】　肉毒梭菌属厌氧菌,为两端钝圆的大杆菌。大小为 4～6 微米×9～12 微米,多单在,偶有成对或成短链的,无荚膜,芽胞偏端,呈卵圆形,有 4～8 根周毛,运动力弱,幼龄培养物为革兰染色阳性。该菌严格厌氧,温度 28～37℃时生长良好,产生毒素的最适温度为 25～30℃,最适 pH 值 6～8,在 8℃以上,都可能形成毒素。本菌在 1‰ 盐水中不生长,在葡萄糖鲜血琼脂平板培养基上长出小而扁平、颗粒状、中央低薄、边缘不规则的带丝状菌落。菌落初期小,在 37℃下培养 4 天,可达 5～10 毫米大,通常不易获得生长良好的单个菌落,因为菌落易于融合在一起、溶血。在卵黄琼脂培养基上时菌落附近的培养基有淡黄色乳光。

本菌污染鱼、肉、谷类饲料以及蔬菜后在缺氧条件下,温度处于 25～30℃时,可产生毒性很强的外毒素。水貂吃了这种饲料即会发生中毒。水貂肉毒中毒很多是由于摄食了被肉毒梭菌污染的牛肉、羊肉等动物性饲料或植物性饲料而引起的。

本菌按其毒素类型分为 A,B,C,D,E,F,G 七个型,C 型又分 C_a,C_b 两个亚型。各型菌生长情况略有差异。在肉汤培养基中 A,B,F 三型发生混浊,底部有粉状或颗粒状沉淀物;C,D,E 三型培养基清亮,菌体呈絮片状贴于管壁上生长。A,B,E,F 型在 37℃下培养 15 天,能液化吕氏血清斜面培养基;C,D 型不能液化该种培养基。熟肉培养基和肉肝汤培养基中生长良好。A,B,F 型能消化肉块,使肉块变黑,发生臭味,C,D,E 型不能消化肉块。

肉毒梭菌毒素是目前所知的最强烈的细菌外毒素之一。提纯的毒素每毫克含有 3 亿个小白鼠的半数致死量。人对 A,B,E,F 型毒素敏感,马、骡对 B,D 型毒素敏感,牛对 C,D 型毒素敏感,水貂、鸡、鸭对 Ca 型毒素敏感。

此菌抵抗力较强,加热至 80℃经 30 分钟或 100℃经 10 分钟,能将其杀死,其芽胞抵抗力极强,煮沸 6 小时,105℃经 2 小时,110℃经 36 分钟,115℃经 10 分钟,120℃经 4～5 分钟才能将其杀死。其毒素不被胃酸或消化酶所破坏。在 pH 值 3～6 范围内毒性不减弱,但 pH 值在 8.5 以上,或加热至 100℃,经 30 分钟能将其破坏。

【临床症状】 本病在气温较高的夏季发生较多,常全群突然发病。潜伏期 12～48 小时,最短 2～3 小时,最长的 8～10 天。发病初期为超急性型,病兽突然卧地不起,出现痉挛、昏迷、全身麻痹状态,经数分钟或十几分钟死亡。中后期病例病程可拖长,达数小时到数天。

病兽表现动作不协调,肌肉僵硬,行走摇晃,状似醉酒,随后出现进行性全身麻痹,先出现后躯麻痹,用前肢拖着整个身体爬行,此时意识清醒,以后后肢麻痹逐渐向前发展,出现前肢和颈部麻痹,病兽头下垂,眼球凝视不动,对光反射消失,口角流涎,咀嚼困难,吞咽失灵,呼吸急促,排粪失禁,最后由于呼吸困难、心脏麻痹而死亡。

【病理变化】 胎膜、内脏实质器官充血,肺极度充血、水肿。膀胱充满尿液。心、肾有单个出血点。超急性型病例死亡的病貂,胃饱满,有较多的内容物,其他不见特殊变化。

【诊　断】 根据发病急,短期内大批死亡,饲喂过有肉毒梭菌污染可疑的饲料。病貂发病从后肢开始麻痹,向前发展至全身麻痹,尸体剖检未发现特殊变化,即可初步诊断。确诊还须进行细菌学检查和毒素分析。细菌学检查需时较长,操作比较困难,常用动物试验做毒素检查。

1. **小白鼠试验** 取病兽胃内容物、肝脏或剩食,用等量生理盐水混合制成悬液,离心3 000转/分,取上清液或直接用滤纸将悬液过滤,取滤清液,给小白鼠腹腔内注射0.5毫升;另取上述处理的悬液煮沸(100℃)30分钟,然后给另外小白鼠腹腔内同一剂量注射作对照,如被检材料含有肉毒梭菌毒素,则试验组的小白鼠在12小时内死亡,而对照组健在。

2. 眼皮注射试验 取上述悬液0.1～0.3毫升(已处理好的),在鸡、鸽、麻雀的1侧眼皮内注射,另1侧的眼皮注射生理盐水作对照。如被检材料中含有肉毒梭菌毒素,在20～30分钟内被试的1侧眼睑因麻痹而闭合,对照侧则无变化。

【防治措施】 使用抗毒素血清治疗效果不大,目前很少使用,主要是采取预防措施。注意饲料的检验,不喂腐败变质的饲料,不新鲜的和有被污染可疑的饲料应煮沸30分钟后再喂。饲料应低温保存,不要堆放过厚,温度不要超过10℃。加工调制好的饲料应及时饲喂,不要存放过久。

接种肉毒梭菌C型菌苗,成貂皮下接种2毫升,免疫期可达5个半月,或更长。也可使用C型类毒素,每次皮下注射1毫升,还可应用二联、三联苗进行预防。

二、有毒鱼中毒

本病是由于毛皮兽食了有毒鱼类,如台巴鱼、鲭鱼、沙丁鱼、狗鱼、鳕鱼、黄巴鱼、河豚鱼和海胆等,而引起的中毒性疾病,腐败变质的鱼也可引起中毒。毛皮兽对有毒鱼类有时会自动少食或拒食。若大量摄入有毒鱼类,重者会发生中毒死亡,或兽群产仔不正常。国内一些养貂场曾发生过饲喂新鲜的巴鱼、生喂繁殖期黄巴鱼头及鲅鳙鱼卵造成中毒死亡事故。水貂和北极狐夏季发病较多。

【临床症状】 中毒后病兽食欲下降,出现剩食,进而食欲明显下降至食欲废绝,消化功能紊乱,发生呕吐,精神委靡,不愿活动。病兽可视粘膜黄染,呼吸和运动中枢麻痹,呼吸困难,四肢麻痹,痉挛,昏迷,瞳孔散大,鼻孔流出粘性鼻液,恶心。后出现卡他性胃炎、出血性肠炎,排绿色或沥青样粪便,后肢瘫痪,体温下降,心跳加快,多因呼吸麻痹而死亡。

急性中毒病例,只能见到神经症状,如痉挛抽搐,很快死亡。一般幼兽较成年兽发病严重,死亡率高。如果中毒发生在妊娠中后期的母兽,可导致妊娠中断,出现死胎、烂胎现象,往往造成繁殖失败。

【病理变化】 尸僵不全,皮下胶样浸润,脂肪黄染。胸腔、腹腔、心包腔有多量淡黄色渗出液。胃肠粘膜充血、水肿,肠系膜淋巴结肿大,肝、脾、肾肿大。脑膜有不同程度的出血。

【诊 断】 生物毒素一般很难测定,多采用敏感动物,通过饲喂试验来确定。

【防治措施】 发现动物中毒,立即停喂可疑饲料,调整兽群饮食,如喂给绿豆水、白糖水、鲜奶等。多给饮水。增添新鲜适口性强的动物性饲料。个别病兽可用10%葡萄糖水10～20毫升,维生素C 10～20毫克,皮下分点注射;维生素E 5～10毫克,青霉素10万～30万单位或庆大霉素2万～4万单位,每日肌内注射2次。全群口服土霉素,每日每只0.1克。

对鱼类饲料要进行严格的卫生检查,禁用有毒或腐败的鱼饲喂动物,不明品种的鱼应进行安全性试喂后再给兽群投喂。干鱼要在非金属容器中多次换水浸泡、泡开,蒸熟的鱼干需要搭配一定量的动物肉及其加工副产品和蛋、乳等,同时要补充维生素E,维生素C和维生素B_1等,炎热的季节加入适量的土霉素。加工饲料时不要过早将鱼与其他饲料混合堆放,混合的饲料应尽早饲喂完。

三、霉变饲料中毒

饲喂毛皮兽的植物性饲料包括玉米、玉米面、豆饼、油饼、高粱、小麦、糠麸等。这类饲料若保管不当,存放于气温高、湿度大、通风不良的地方,曲霉菌、白霉菌、青霉菌等会大量繁殖,产生毒素。这类毒素可引起水貂、黑貂、银黑狐、北极狐、貉、海狸鼠、麝鼠、毛丝鼠等中毒。其中以黄曲霉毒素引起的中毒最为严重。

【临床症状】 病兽食欲减退或废绝,精神沉郁,反应迟钝,出现神经症状:抽搐、震颤、口吐白沫、角弓反张、癫痫性发作。有的病兽鼻镜干燥,嗜眠,流涎,少数呕吐,衰弱无力。粪便呈黄色糊状,混有大量粘液,严重者混有血液或呈煤焦油状,尿液黄色、混浊。可视粘膜黄染。呼吸急促,心跳加快。耳后、胸前和腹侧皮肤有紫红色淤血斑。最后因心力衰竭而死亡。病程一般2~5天,有的急性病例临床上未见任何症状而突然死亡。

【病理变化】 尸体血液凝固不良,皮肤、皮下脂肪、浆膜及粘膜有不同程度的黄染,耳根部尤为明显。腹腔、胸腔积有大量淡黄色乃至橙黄色或污秽混浊的液体。肝肿大1~2倍,呈黄绿色或砖红色,被膜下有点状出血,质地脆弱,病程长者发生肝硬变。胆囊扩张,胆汁稀薄。胃肠内容物呈煤焦油状,肠内有暗红色凝血块。胃肠粘膜充血、出血、溃疡、坏死。肾脂肪囊黄染,有点状出血。膀胱粘膜出血、水肿。心包积液,心脏扩张。脑及脑膜充血、出血。

【诊　断】 在同一时间内,一旦发现兽群多数发病或死亡,就应注意检查饲料的质量,如发现饲料霉变,并结合流行病学、临床症状及病理变化,可作出初步诊断。最终确诊需做动物试验。

动物试验可将可疑饲料、病理材料或霉菌培养物作初步处理后,接种于实验动物或同种动物,观察被接种动物发病、死亡及剖检变化等情况。这是一种较为实用的定性诊断方法。此外,还有鸡胚接种法、组织培养法、真菌的分离培养法等,也可用来诊断此病。

【防治措施】 一旦发现病兽,原则上应立即停喂有毒饲料,撤出有剩料的饲盆,换上无毒的新鲜饲料,并加喂白糖、绿豆水解毒。

对病兽治疗可用 10%葡萄糖液 10～20 毫升,维生素 B_1 5～10 毫升,皮下分点注射;维生素 K 1～3 毫克,维生素 C 30 毫克,葡萄糖 15 克,肝乐 100 毫克,肌醇 12.5 毫克,混合口服,每日 1 次,连用 5～7 天;青霉素 10 万～20 万单位,每日肌内注射 2 次,连用 3～5 天。平时严防谷物饲料受潮、污染、变质,不用发霉变质的饲料饲喂动物。

四、食盐中毒

食盐是饲养毛皮兽不可缺少的营养物质,但日粮中加盐过多或调制不当,也会引起中毒。兽群发生食盐中毒往往是由于饲料中加盐过多,散发病例则由于调配饲料时搅拌不均所致。水貂、黑貂、北极狐等对食盐过多较敏感。

食盐中毒原因多为计算加盐量有误,加盐时未称量,用盐过量,或喂含盐量高的咸鱼或海鱼粉,或调制饲料时搅拌不均以及饮水不足等因素,都能造成食盐中毒。

动物食入过量的食盐,胃肠受到刺激,导致胃肠功能紊乱,神经系统功能受损害,组织中积累钠离子过多,引起慢性食盐中毒、脑水肿。这种情况常见于饮水量不足而吃入食盐量正常时,神经组织出现嗜酸性细胞浸润性脑膜炎。当肠道吸收过量食盐后,血浆渗透压显著增高,细胞外液中氯化钠浓度随之增高,引起细胞内液水分外渗,导致组织脱水,因而在脑中引起颅内压增高,致使氧供给减少及糖原氧分解被抑制,引起脑血管组织损害而出现神经症状。

【临床症状】 毛皮兽食盐中毒,常出现口渴,兴奋不安,剧烈呕吐,从口鼻中流出带有泡沫样粘液,鼻镜干燥,可视粘膜紫绀,瞳孔散大,随后剧烈腹泻,很快消瘦,虚弱,全身肌肉震颤,叫声嘶哑,有的翘起尾巴,做圆周运动。进而发生运动障碍,运动失调,四肢麻痹,排尿失禁,呼吸困难,心跳微弱,最后昏迷而死亡。毛皮兽食盐中毒的病程取决于吃入食盐量的多少及饮水是否充足。据报道,吃入食盐量达 $1.8\sim2$ 克/千克体重,在无饮水的情况下,约有 20% 的毛皮兽发生中毒。饮水充足时,能耐受 4.5 克/千克体重的食盐量。正常要求摄取的食盐量,以每日 $0.5\sim1$ 克/千克体重为宜,同时要有充足的饮水。

【病理变化】 尸僵完全,口腔内有少量食物及粘液,肌肉暗红色、干燥。胃肠粘膜充血、出血,肺气肿。心外膜、心内膜有点状出血。脑膜及脑实质血管扩张。

【防治措施】 立即停止饲喂含盐过量的饲料,增加饮水,即有限制地、间隔短时间多次少量饮水。若无限制地自由饮水,可导致未出现症状的病兽出现症状。后期病兽不能主动饮水时,可用胃管给水或腹腔注射灭菌的水。为了维持病兽心脏功能,可注射强心剂,皮下分别注射 10% 樟脑油 $0.2\sim1$ 毫升,10% 葡萄糖液 $5\sim20$ 毫升。为缓解病兽脑水肿,降低颅内压,可静脉注射 25% 山梨醇液。

预防食盐中毒,平时要严格控制饲料中食盐含量,加盐量要精确,不能超过标准,喂海鱼和淡水鱼时,加盐要区别对待,特别是食盐量高的鱼粉或咸鱼,要经脱盐后再喂。调制饲料时,应先将盐充分溶解再均匀地拌入饲料中,充分搅拌。平常要供给毛皮兽充足的饮水。

五、亚硝酸盐中毒

【毒物特性】 谷物和蔬菜类都含有一定量的硝酸盐,在肥沃的土壤或施化肥过量的土壤上生长的谷物,硝酸盐含量更高些。含硝酸盐的青绿色饲料若调制不当,在脱氮杆菌的硝酸盐还原酶的作用下,可使硝酸盐转化为亚硝酸盐。毛皮兽吃了含亚硝酸盐的饲料后,亚硝酸盐被迅速吸收,进入血行与血红蛋白结合,使低铁血红蛋白形成高铁血红蛋白,失去携带和释放氧的功能,发生以组织缺氧为主要特征的中毒性疾病。

对动物来说,硝酸盐是低毒的,亚硝酸盐是高毒的。多数中毒病例都是吃了含亚硝酸盐的饲料而造成中毒死亡的。饲料中所含的硝酸盐转化成亚硝酸盐时有如下几种情况:

1. **青饲料(如菜类)受害虫残伤** 植物的组织遭破坏后,在一定温度和湿度条件下,还原性细菌迅速生长繁殖,很快就把硝酸盐还原为亚硝酸盐,食用这种青绿饲料易引起中毒。

2. **小火焖煮饲料** 在 25～37℃的条件下,持续 24～48 小时后,饲料中的硝酸盐极易还原成亚硝酸盐。饲喂此种饲料中毒的机会较多。

3. **日粮搭配不合理** 草食动物瘤胃内的细菌也能将硝酸盐还原成亚硝酸盐而引起中毒。

动物对亚硝酸盐敏感性是有差异的。猪最敏感,牛、鹿、羊、马、毛皮兽次之。食量大的动物中毒机会大些。毛皮兽中毒多因饲料保管不当、饲喂发热捂黄的青菜造成的。此外,饲料和饮水被含硝酸盐类肥料污染，也可发生中毒。

【临床症状】 动物食入含亚硝酸盐的饲料后，经 15～40 分钟即可出现中毒症状。急性中毒病兽流涎，腹痛，腹泻和呕吐，常突然死亡。典型的亚硝酸盐中毒病例呈缺氧症状，呼吸困难，四肢无力，步态蹒跚，时起时卧，肌肉震颤，运动失调，粘膜紫绀，脉搏增数、微弱，流涎，呕吐，瞳孔散大，排尿、排粪失禁，角弓反张，或卧地呈游泳状划动，最后因呼吸麻痹而死亡。慢性中毒病兽症状多种多样，孕兽流产，虚弱，分娩无力，怀胎率低下等。有的病兽发育不良，增重缓慢，腹泻，步态不稳，并出现维生素 A 缺乏症、甲状腺肿等症状。

【病理变化】 尸僵不全，特征性变化是血液呈黑红色或咖啡色，似酱油样，凝固不良。暴露于空气中后，长时间不能变成鲜红色。胃肠臌胀，粘膜充血、出血，上皮脱落，小肠病变更为严重。心外膜和内膜有点状出血。肝、脾肿大、淤血，肺水肿、充血，全身血管扩张。

【诊　断】 吃过含亚硝酸盐的蔬菜或青绿饲料，出现中毒症状快。剖检血液呈黑红色或咖啡色，凝固不良，血液置空气中长久不变成鲜红色，即可初步诊断为亚硝酸盐中毒病。实验室常用二苯胺（DPB）法进行诊断。此法是检测亚硝酸盐最敏感、最简便可靠的方法。取 0.5 克二苯胺，溶于 20 毫升水中，小心加入浓硫酸至 100 毫升，贮于有色瓶中。检验时，取 1～2 滴可疑材料的溶液或悬液置于玻璃板或白瓷板上，于待检液接近处加 2～3 滴试剂，靠液体扩散效应使两种液滴接触，若有一种蓝色从被检材料弥散至试剂中，即证明有亚硝酸盐存在。注意检验材料稀释用水应无金属盐类。二苯胺试验不仅可检查血液、血清，还可在现场检查饮水、胃内容物等样品。出现阳性反应时对亚硝酸盐中毒的正确诊断具有重要价值。

亚硝酸盐中毒与氢氰酸中毒相似,但后者中毒初期血液呈鲜红色,后期才呈暗红色。两者鉴别可采血用分光计检查高铁血红蛋白,其吸收光带在 618~630 毫微米处,加入 1‰氰化钾 1~2 滴后,吸收光带消失,即为前者。

【防治措施】 发现毛皮兽中毒,立即停喂可疑饲料,灌服 0.1‰高锰酸钾溶液 5~10 毫升,并将此液放入水盆内让病兽自饮;10%葡萄糖 10~20 毫升,维生素 C 10~20 毫克,维生素 B₁ 5~10 毫克,每日皮下注射 1 次;维生素 C 50 毫克,多酶片 0.3 克,乳酶生 1 克,蜜调,1 次内服;2%美蓝(美蓝 2 克,溶于 10 毫升酒精中,加等渗氯化钠液 90 毫升)0.5~1 毫升/千克体重,静脉注射。

要合理贮存饲料,饲料加工前仔细检查,除去腐烂变质的部分,不用放置过久的煮熟青饲料和霉烂饲料喂毛皮兽。

六、农药与鼠药中毒

农药是指用来保护农作物免受有害生物危害及调节作物生长的药剂。包括有机磷杀虫剂、有机氯杀虫剂、有机氟杀虫剂、有机汞杀虫剂、有机镉杀虫剂和砷制剂等。各种农药的毒性差异很大。

饲养管理不当,让毛皮兽接触或食入鼠药、农药都会引起中毒。如:①此类药物污染了饲料、饮水。②饲料中的残留农药。③毒鼠的毒饵放置不当。④农药烟雾或挥发出的气体进入毛皮兽的笼舍。⑤治疗体外寄生虫时外涂的杀虫药被舔食。⑥在笼舍中喷洒杀灭蚊蝇药剂。

现将常见的几种农药、鼠药中毒的症状、治疗方法分述如下:

有机氯杀虫剂中毒

引起毛皮兽中毒的农药有碳氯狄氏剂、艾氏剂、硫丹、毒杀芬、开蓬、滴滴涕、氯化松节油、氯丹等。

【临床症状】 病兽初期兴奋性增高,听觉过敏,胆小,攻击性增强,流涎,吐白沫,肌肉震颤,运动失调,不定时地发生痉挛,发作时突然倒地,角弓反张或四肢作游泳状划动。有的在发作过程中因中枢神经抑制或呼吸衰竭而死亡。有的病兽高度沉郁,食欲废绝,头部肌肉震颤,并逐步发展到全身各肌群。病程一般 12～24 小时,有的可延至 1 周以上。

【病理变化】 急性病例一般无特征性变化。病程稍长的,肝脏肿大,变硬,肝小叶坏死。胃肠发生出血性炎症变化。脑膜及脑实质有点状出血。

【防治措施】 农药应在专用库房存放,防止有机氯农药污染饲料,喷洒过有机氯杀虫剂的蔬菜、农作物、牧草等,在 1.5 个月内禁作饲料用。治疗外寄生虫时,应遵守浓度、用量和方法的规定。

对经口中毒的病兽,内服 0.3％氢氧化钙液,洗胃。对经皮肤中毒的病兽,用肥皂水、温水、2％苏打水将皮肤洗净,涂以氧化锌软膏或氢化可的松软膏,每日 1～2 次。也可用 10％异戊巴比妥钠 0.2～0.3 毫升或氯丙嗪 2.5 毫克,皮下注射;绿豆 1 份,甘草 1 份,煎汤灌服。

有机磷杀虫剂中毒

有机磷杀虫剂种类繁多,广泛用于农、林、牧业,经消化道、呼吸道、皮肤、粘膜进入动物体内而引起中毒。易引起毛皮兽中毒常见的有机磷农药有敌敌畏、敌百虫、乐果、蝇毒、稻丰散、茂果、杀螟松、保棉丰、甲拌磷、硫特普、对硫磷、磷胺、内吸磷、甲基对硫磷、谷硫磷、久效磷、三硫磷、甲胺磷、苯硫磷、甲基内吸磷等。

有机磷杀虫剂一经吸收后,经由血行和淋巴系统迅速分布到全身各器官组织。在组织中能抑制胆碱酯酶的活性,使之丧失水解乙酰胆碱的能力,以致传递神经冲动作用的乙酰胆碱发生蓄积,引起组织器官的功能异常。因而出现一系列中毒症状。

【临床症状】 由于有机磷杀虫剂的品种多样,动物种属敏感性的差异以及中毒条件等因素的影响,症状表现差异甚大。较常见的症状是:病兽食欲下降或拒食,兴奋不安,听觉、视觉减弱或被抑制。流涎,流泪,口吐白沫,呼吸急促,尿失禁,腹泻,呕吐,粪便带血,全身肌肉震颤、松弛无力,脉搏加快,抽搐,最后昏迷死亡。

【病理变化】 经消化道急性中毒的,胃肠内容物有有机磷杀虫剂的特殊气味,如蒜味、韭菜味、胡椒味等,也有无任何特殊气味者。尸体粘膜紫绀,口腔积有多量粘液性分泌物。肺水肿,支气管内充满泡沫样粘液。胃肠粘膜有出血性炎症变化,肠壁多呈暗红色或暗紫色,粘膜层易剥脱。肺充血、肿大。肾脏混浊肿胀,被膜不易剥离,切面呈淡红褐色。

【诊 断】 根据与毒物接触史、症状、化验等综合分析,可初步确诊。

化验检查是确诊的重要手段,检查内容包括饲料、饮水,病兽胃内容物等,确定其是否存在有机磷。一般多采用测定血液中胆碱酯酶活性的方法。该方法不仅对诊断有机磷杀虫剂中毒有意义,而且对判断中毒程度、观察疗效和判断预后也有参考价值。

血液胆碱酯酶活性测定法以全血纸片法较为常用。先称取溴麝香草酚蓝 0.14 克，溴化乙酰胆碱 0.46 克，将二者溶于 20 毫升无水酒精中，用 0.4 毫升氢氧化钠溶液调 pH 值至 6.8。该溶液即由橘红色变为黄绿色。用白色的、致密的定性滤纸浸入上述溶液中，待滤纸完全被浸湿后，取出悬挂阴干（应呈橘黄色），剪成比载玻片稍窄的方形或长方形纸块，贮于棕色瓶中备用。检查时取上述试纸两块，分别置于清洁载玻片的两端，滴加病畜末梢血液 1 滴于一端的试纸中央，另一端加等量的同种健兽末梢血作对照，做标记以便区别。然后立即加盖一载玻片，用胶皮筋扎紧，迅速置于 37℃ 恒温箱中 20 分钟。取出以血滴中央的颜色同标准色片比较，判定胆碱酯酶活性百分率。色调呈红色，酶活性为 80%～100%，表示未中毒（正常）；呈紫红色时，酶活性为 60% 表示轻度中毒；深紫色时，酶活性为 40%，判为中等中毒；蓝色时，酶活性为 20%，判为重度中毒。

【防治措施】 平时管好农药，喷洒过农药的蔬菜 10 天之内不得用来喂毛皮兽。用有机磷杀虫剂驱虫时，应掌握好用量和浓度，外用时应严防动物相互咬舔。

发现中毒病兽，立即停止喂饮可疑有机磷杀虫剂污染的饲料和水，并将动物移到通风良好的地方。对经口引起中毒的病兽，立即以 1%～2% 碳酸氢钠溶液反复洗胃（敌百虫中毒时禁用），或 0.1% 高锰酸钾溶液洗胃（对硫磷中毒禁用），同时用下列方法处理：硫酸阿托品，水貂 10 毫克/千克体重，北极狐 30～50 毫克/千克体重皮下注射，30 分钟后视病情变化，需要时可重复使用；解磷定 15～30 毫克/千克体重，用葡萄糖液或生理盐水溶解后静脉缓慢注射；20% 葡萄糖液 10～20 毫升，皮下分点注射。病兽痉挛时，可皮下注射 10% 异戊巴比妥钠 0.2～1 毫升；呼吸衰弱时，肌内注射 25% 尼可刹米

0.3 毫升。

磷化锌毒鼠药中毒

磷化锌是一种使用较广的毒鼠药。毛皮兽误食灭鼠毒饵，或采食被磷化锌污染的饲料，或摄食磷化锌中毒死亡的家畜肉及其副产品，也可引起中毒。

【临床症状】 毛皮兽食入磷化锌后，常在 15 分钟至 4 小时内出现中毒症状。首先表现为厌食和昏迷，呕吐和腹痛，口腔粘膜糜烂，粪便有大蒜气味，在暗处发出荧光。病兽后期腹下皮肤点状出血，尿量减少或排血尿、血便，瞳孔散大，心跳微弱，呼吸困难，最后昏迷、抽搐而死亡。病程多在 3～4 小时，耐过者约 1 周方可恢复健康。

【病理变化】 尸体静脉怒张，淤血。胃肠内容物有大蒜臭味，胃肠粘膜出血，上皮脱落、糜烂，肺充血、叶间水肿。胸膜出血、渗血，肝、肾极度充血。

【诊　断】 根据病史、症状、剖检变化，可作出初步诊断，实验室检出病料中有磷化锌时才能最后确诊。因中毒急，实际上实验室检查的应用意义不大。

【防治措施】 平时要加强动物的饲养管理，防止误食磷化锌毒饵或被磷化锌污染的饲料，禁用磷化锌中毒死亡动物的肉或其副产品饲喂毛皮兽。

此病目前尚无特效解毒药。刚中毒时可用 5％碳酸氢钠溶液洗胃，亦可灌服 0.2％～0.5％的硫酸铜液催吐；肌内注射氨茶碱 50～100 毫克或地塞米松 0.125～0.5 毫克，并给予葡萄糖液、维生素 B 族补液，禁用牛奶、鸡蛋及油脂类解毒。

灭鼠灵（华法令、丙酮苄羟香豆素）中毒

此为抗凝血性毒鼠药，能引起毛皮兽广泛的致死性出血。

【临床症状】 急性中毒者无前驱症状即告死亡。亚急性中毒时,可视粘膜苍白,呼吸困难,鼻出血,便血,均为常见症状。

【病理变化】 以大量出血为特征,常见胸腔、腹腔积有大量淡血色液体。胸膜、皮下组织、胃肠及腹膜等处出血。心肌松软。肝小叶中心坏死。

【诊 断】 引起出血的原因较多,但灭鼠灵中毒引起的出血最为严重,可作为诊断的依据。

【防治措施】 用维生素 K 15～75 毫克,溶于 5％葡萄糖溶液中,静脉注射,效果较好。出血控制后,仍口服维生素 K 4～6 天。

安妥药中毒

安妥又称甲-萘硫脲,对各种动物均具有较强毒性。对安妥保管不严或投放毒饵地点、时间不当,使毛皮兽误食中毒。

【临床症状】 病情发展快,食欲废绝,呕吐,腹泻,咳嗽,鼻中流出灰色或血样泡沫。病兽兴奋不安,心跳加快,呼吸困难,不时尖叫,后期昏迷,张口呼吸,强直性痉挛,最后窒息而死亡。

【病理变化】 粘膜紫绀,血液紫黑色。肺水肿、气肿、淤血显著,气管内充满炎性渗出物。胸腔、心包腔有大量积液。其他实质脏器表面都有出血点。

【诊 断】 分析病史,并根据严重肺水肿及胸膜渗出现象,可作出初步诊断。若进行毒物分析,须于中毒后 24 小时内取病料,否则得不到肯定的检验结果。

【防治措施】 对病兽立即用 0.1％～0.5％高锰酸钾溶液洗胃,用盐酸阿扑吗啡 0.5～1 毫克皮下注射;速尿 5 毫克/千克体重,每日肌内注射 3～4 次。对耐过的病兽给予抗生素,以预防继发感染。严格管理灭鼠药。

七、消毒药与治疗药物中毒

治疗药物和消毒药使用不当,均会引起毛皮兽发生中毒。

酚类消毒药中毒

毛皮兽饲养场用石炭酸、煤酚、克辽林等药物消毒时,若剂量过大或使用不当,可引起酚类中毒。

【临床症状】 皮肤接触酚类消毒剂时,初期皮肤充血、出血,有炎性分泌物渗出及组织坏死等症状,以后皮肤变黑,渗出液凝固形成干痂。食入酚类消毒剂时,嘴唇、口腔粘膜糜烂,上皮脱落。病兽不安,流涎,呕吐,痉挛。有时垂头站立,对外界刺激反应迟钝,频频排粪或排尿。粪便液状,混有粘液和血液,常带有酚类气味。尿液黑褐色、混浊,常有蛋白尿或血尿。出现间歇性强直性痉挛,呼吸困难,最后窒息死亡。

【病理变化】 血液呈黑色,凝固不良,有的皮肤、皮下组织和粘膜黄染。淋巴结肿大、多汁。肺水肿、充血。肝、肺肿大,被膜下有点状出血。胃肠粘膜有出血性炎症变化。

【防治措施】 发现酚中毒时,立即灌服鸡蛋清、牛奶等;用10%硫代硫酸钠1~2毫升,静脉注射;10%葡萄糖液10毫升,皮下注射;并进行强心等对症治疗。对接触酚类而受损的皮肤,用肥皂水、温水洗净,涂以硼酸软膏。日常用酚类药物消毒时,浓度不宜过大,外用时要防止互相舔食,严防酚类药物污染水源和饲料。

龙胆紫醇溶液中毒

龙胆紫醇溶液常作为外伤治疗药物。由于毛皮兽互相舔食体表的龙胆紫,有时也会引起中毒,水貂对龙胆紫敏感。

【临床症状】 病兽拒食,渴欲增加,呕吐,流涎,交替出现神经兴奋和沉郁,呼吸困难。粪便呈黑黄色或煤焦油状。尿液深黄。后期粘膜紫绀,肛门部糜烂。

【防治措施】 用 25%尼可刹米 0.3 毫升,肌内注射;0.1%高锰酸钾溶液 5～10 毫升,口服;活性炭 1 份,氧化镁 1 份,鞣酸 1 份,混合后每只貂口服 1 克;20%葡萄糖溶液 5～10 毫升,维生素 B_1 5～10 毫克,维生素 C 5～10 毫克,皮下注射。用龙胆紫醇溶液作外科处理时,应防止毛皮兽互相舔食。

氯丙嗪中毒

氯丙嗪又名冬眠灵,为较常用的镇静药物。治疗中用药过量或用药次数过多时,易造成体内蓄积而发生中毒。

【临床症状】 轻度中毒时,病兽骚动不安,时起时卧,全身疲惫无力,嗜睡,体温下降,瞳孔缩小,四肢肌肉松弛,偶有便秘,尿潴留或失禁。重度中毒时,运动失调,肌肉强直震颤,四肢冰冷,血压下降,心动过速,瞳孔缩小。严重者昏迷沉睡,吞咽困难,反射消失,体温下降,病程拖延可出现黄疸,肝肿大,皮疹,发热等。

【诊　断】 根据病史和中枢神经系统抑制情况,以及尿液氯丙嗪类药物的检出而确诊。

【防治措施】 发现中毒症状时,应立即停药,副作用可在 12～72 小时内消失。如摄取大剂量氯丙嗪,在 6 小时内可用温开水或 0.05%高锰酸钾溶液洗胃,洗胃后可用硫酸钠导泻。用氯丙嗪类药物作镇静、镇痛、解痉治疗时,一定要准确掌握剂量,严防超剂量用药。

磺胺类药物中毒

磺胺类药物是广谱抑菌制剂,为临床常用的药物,如用药不当或用量过大,可致动物中毒。磺胺类药物如进入胎儿体内,可造成死胎流产。

【临床症状】 如1次大剂量内服时,会引起急性中毒。表现中枢神经兴奋,感觉过敏,昏迷,厌食,呕吐或腹泻等。长期服用磺胺类药物超过1周以上,病兽呈慢性中毒,出现泌尿系统损害,常见结晶尿、血尿、蛋白尿,以至尿闭。消化系统可见食欲不振,呕吐,便秘,腹泻等。有的可见颗粒性白细胞缺乏症或溶血性贫血。

【防治措施】 出现中毒症状时,应立即停药。改用其他抗菌药,当药量过大时,应尽早洗胃,口服3%碳酸氢钠溶液,以促进药物排泄;亦可大量静脉注射复方氯化钠、5%葡萄糖溶液等。应用磺胺类药物时必须注意其适应证,当全身伴有酸中毒及肝、肾疾病、贫血症、颗粒性白细胞减少症等情况时,切忌用磺胺类药物。

第七章 毛皮兽代谢病的防治

一、维生素 A 缺乏症

本病是由于缺乏维生素 A 而引起的以视觉障碍、上皮完整性受损、骨骼形成不良为特征的疾病。

维生素 A 亦称抗干眼病维生素,为脂溶性维生素。植物性饲料中不含维生素 A,只含胡萝卜素。胡萝卜素亦称维生素 A 原,在动物体内可转化为维生素 A。动物性饲料中含有维生素 A,可直接被动物体利用,如海鱼、禽类、哺乳动物的肝脏以及乳类中,都含有丰富的维生素 A。

维生素 A 易溶于脂肪及脂溶剂中，不溶于水。在空气中易被氧化，在高温条件下尤甚。易受酸、碱破坏，也能被紫外光破坏。在缺氧的环境中能耐热。饲料中的脂肪变性时，会破坏其中的维生素 A。

维生素 A 有维持机体上皮组织完整、细胞膜正常通透及正常视觉的生理功能。缺乏维生素 A，在眼及消化、呼吸、泌尿等器官粘膜上皮中会发生一系列的病理变化，引起各种临床症状。

【临床症状】 维生素 A 缺乏影响成兽的生殖功能。母兽发情延迟，排卵不正常，常发生空怀；妊娠期胎儿发育停滞，或胎儿死亡、流产，或早产、产弱仔；公兽性活动减弱，睾丸实质退化，精子生成受阻，不能正常交配繁殖。

母兽妊娠期缺乏维生素 A 时，所产仔兽生活力低，体质衰弱，易发生胃肠病和肺病。幼兽维生素 A 缺乏时会发生消化障碍、下痢、进行性消瘦，全身衰弱，易发生犬瘟热、副伤寒等传染病。

狐、貂等发病初期出现神经症状，表现搐搦，头向后仰，向后看，不能转头，动作失去平衡，步行不稳，易跌倒。有的病兽发生转圈运动，持续 10～15 分钟，停止后稍受刺激，又重复转圈动作。

病兽经 18～27 周，因其气管、支气管、肾盂、膀胱及阴道等处的上皮发生角化，引起胃肠炎、肾盂炎、尿道炎以及肾结石、膀胱结石的病变。眼病变比其他症状的出现要晚些。眼睛的变化主要为结膜干燥，目光暗淡，夜盲，角膜混浊，亦有发展成浆液性或化脓性结膜炎的。

病兽一般食欲正常，也有表现拒食的。多因体质衰弱而死的。也有拒食与正常采食交互变化的，一时采食正常，一时又拒食,病兽消瘦。

【诊　断】　典型的维生素 A 缺乏症病例,临床上容易判定。轻型病例的诊断较困难,必须对所用的日粮进行仔细分析,最好对病兽血液或尸体脏器中的维生素 A 含量进行检测,以便于确诊。

【防治措施】　注意日常喂养,给予兽群足够的胡萝卜素或维生素 A。维生素 A 的供给量以每日 100 单位/千克体重为宜。母兽在繁殖期(准备配种期、妊娠期、哺乳期)应给予最低需量 5 倍的维生素 A。银黑狐、北极狐每日给 2 000 单位的维生素 A。水貂、黑貂每日给 1 000 单位的维生素 A。貉的维生素 A 补给量在银黑狐与水貂之间。

补给维生素 A 经口服用比非经口使用的效果要好些。补给维生素 A 时,要注意排除破坏因素。如饲料调制和保存过程中要防止维生素氧化变质,调配饲料时防止多量空气混入;避免在混合饲料中添加鱼骨粉、蚕蛹、变苦的油脂和饼粕等。这些因素可使饲料中的维生素 A 70%～100%遭到破坏。

因肉食兽对胡萝卜素的消化吸收极为有限,补给维生素 A 以喂动物性脂肪为好,同时也要加喂鱼肝油。

对病兽的治疗主要是补给维生素 A。除在日常加入富含维生素 A 的饲料外,还需给予浓缩制剂。补给维生素 A 以服用鱼肝油为好。治疗量要比预防量大 5～10 倍,即病狐每日服维生素 A 1.5 万单位,水貂、黑貂、貂 5 000～7 000 单位。为使维生素 A 能被正常吸收,需在日粮中加入足够的中性脂肪。患胃肠疾病的病兽,维生素 A 的用量应为预防量的 20 倍。也可用鱼肝油肌内注射补给维生素 A。

二、维生素 B₁ 缺乏症

本病是由于缺乏维生素 B_1 而引起的以多发性神经炎为特征的疾病。维生素 B_1 又称硫胺素、抗神经炎维生素。维生素 B_1 溶于水,不溶于醚、氯仿和其他有机溶剂,在中性和酸性环境中可以耐 120℃ 的高温,在碱性溶液中易被氧化。维生素 B_1 在动物体内不能合成,哺乳动物均需从食物中摄取。

维生素 B_1 缺乏时,糖的代谢受阻,影响心血管和神经组织的功能,可引起多发性神经炎、心力衰竭等一系列变化。

此病多由饲养管理不当所致。如喂未煮熟的鲤鱼、狗鱼及其头骨、皮肤、鳍、内脏等,因其中含有破坏维生素 B_1 的物质。这类饲料与其他饲料混在一起喂毛皮兽,经 3～4 周,即可能发生维生素 B_1 缺乏症。当然,长期饲喂缺乏维生素 B_1 的饲料是毛皮兽发生此病的主要原因。如长期饲喂肉类、鱼类、蚕蛹、干酪等饲料或煮熟的马铃薯、去皮谷粒等,均可引起维生素 B_1 缺乏。另外,长期服用磺胺类药物也会影响维生素 B_1 的吸收。

【临床症状】 北极狐、银黑狐、水貂和黑貂发病的症状基本相同。慢性病例后期被毛生长停滞,母兽不发情,或胎儿发育停止,胚胎吸收,怀胎期延长,或产衰弱、畸形仔兽。公兽精子生成紊乱或停止。

一般在饲料中缺乏维生素 B_1 时经 25～30 天病兽即出现食欲不振,再经 7～10 天症状加重。病兽步行跛跄,全身痿弱。重笃病例严重运动失调,剧烈搐搦,有时不能站立,常搐搦与昏睡交互发作,不断尖叫,极度虚弱,体温下降。这类病例如未能及时补给维生素 B_1,经 24 小时左右便会死亡。哺乳期母兽发生多发性神经炎时,多因机体衰竭,出现痉挛而死亡。

【病理变化】 特征性病变是脑高度充血,毛细血管充盈,脑血管内皮增生,脑部凹凸不平,显著变形,神经细胞也有明显变化。脑中有很多出血点,并且在两半球对称发生。此点不同于流行性脑脊髓膜炎,脑的变化主要在灰质。

尸体营养正常。胃肠空虚,胃肠壁有黄疸性浸润,含有粘液。肝脂肪变性,质地松软,呈暗赤色。胆囊充满浓厚性胆汁。心脏增大,外膜出血。

【诊 断】 根据特征性临床症状、剖检变化,即可作出初步诊断,加上发病前日粮中维生素 B_1 含量检测,一般可作出诊断。要注意与营养性营养不良、狐脑脊髓膜炎相区别。

【防治措施】 预防本病的基本措施是喂给含维生素 B_1 丰富的饲料。生鱼不应与酵母和其他维生素 B_1 饲料混合投喂,要分开饲喂。每隔 3～4 天停喂生鱼 1 次,或把鱼煮熟后再喂。喂生鱼时应增加饲料中的维生素 B_1 含量。毛皮兽对维生素 B_1 最小需要量是每 100 克饲料中含有 30 毫克,在实际中应该多一些,即每 100 克干物质饲料应含 100～150 毫克维生素 B_1。补充维生素 B_1 的数量取决于其在饲料中的含量,毛皮兽吃入粮谷类饲料越多,维生素 B_1 的需要补充量也越多。

当外界温度高,动物活动量大,患发热性疾病及消化障碍时,都需要增加维生素 B_1 的供应量。为预防哺乳期母兽的多发性神经炎,应在母兽怀胎期及泌乳期多喂酵母、动物肝脏或含有大量维生素 B_1 的日粮,严禁饲喂酸败变质的饲料,保持饲料新鲜、清洁。

治疗本病主要是给病兽补充维生素 B_1。发现维生素 B_1 不足时,应内服氯化硫胺素,连服 10～15 天,狐及北极狐每日 2～3 毫克,水貂和黑貂 1～2 毫克,貉 2 毫克,同时给予富含维生素 B_1 的全价饲料。

对急性多发性神经炎,同时伴发拒食、神经症状和胃分泌障碍病例的治疗,最好采用注射给药。每日肌内或皮下注射2～3次维生素 B_1,狐和北极狐剂量为 1 毫克,水貂和黑貂为0.5 毫克,把维生素 B_1 溶于灭菌蒸馏水中注射,用市售注射用制剂亦可。病情严重时可每隔 2～3 小时皮下或肌内注射复合维生素 B 注射液。

三、红爪病

本病是人工饲养的毛皮兽初产仔兽常发的一种疾病,往往造成很大的损失。一般认为本病是维生素 C(抗坏血酸)缺乏症的一种表现,也有人认为本病病原是一种病毒。银黑狐多在产后 3～5 日发病,原因是在母兽怀孕期维生素 C、维生素 A、维生素 B 供应不足。仔貂、仔狐也有的在开始补给饲料时发病,也就是在即将断奶时突然发病。母兽患过一些传染病也可能引起新生仔兽维生素 C 缺乏症。

维生素 C 易溶于水,不溶于有机溶剂,有酸味,在酸性溶液中稳定,易被铜、铁等金属离子破坏。除人、猴及豚鼠外,在动物体内都能合成,其中也包括毛皮兽。当需要量增大,如怀孕期、泌乳期及患一些传染病时,本身合成的量不够,这样的母兽产下的仔兽就可能出现维生素 C 缺乏症,即红爪病。新生仔兽对维生素 C 的合成最早在出生后 7 天开始,此时假如先天贮备不够,即易发生此病。

维生素 C 的生理功能为参与体内的氧化还原反应,是一些氧化还原酶的辅酶。还可作氧的载体参加细胞的呼吸和气体循环过程。有的学者认为,维生素 C 不足时母乳中的钙和磷含量减少,使仔兽发生坏血病。

【临床症状】 新生仔狐红爪病,四肢水肿,跖趾肿胀,关节变粗,脚掌呈深红色,在脚趾之间形成小溃疡及龟裂,脚掌水肿。仔兽在母兽子宫内就会出现此症状,也有在生后第二天出现的,即生后经过 10～12 小时脚掌皮肤由红色变为暗樱桃红色,经 24 小时则出现全掌特征性水肿,并形成小出血溃疡。病兽尾部也出现水肿,但较脚掌部的为轻。病兽躺在小室内,有时尖叫,不断地活动,不自然地弯背,头向后仰,不能正常吃奶。有时全窝发病,也有个别发病的。初生仔兽本病的死亡率达 80% 以上,死亡主要发生在生后 6 天内,耐过的可以恢复正常。较大的仔兽患本病时除有红爪常见症状外,还见体温下降,常并发胃肠炎症。

【诊　断】　主要根据临床特征性症状及分析母兽怀孕期和泌乳期日粮的维生素 C 含量。发病仔兽的母乳中维生素 C 含量很低,每 100 克奶中只有 0.1～0.48 毫克,而健康母兽每 100 克乳中维生素 C 的含量为 0.7～0.8 毫克。

红爪病应与仔狐出血性素质和机械性损伤相区别。这些病多是个别发生。

【防治措施】　母兽繁殖期应用全价饲料喂养。在日粮中除应含有充足的维生素 C 外,还应有适量的维生素 A 及 B 族维生素,怀孕母兽要加喂野生浆果和新鲜蔬菜。浆果和蔬菜不足时,可给予发芽的谷物,如芽长约 2 厘米的小麦芽、黑麦芽、大麦芽等,每日每只喂 30～40 克,也可加喂松针等树叶浸泡液。制备松针浸泡液,可将松针用冷水洗净,切碎或粉碎,每 200 克松针 1 000 毫升开水,煮沸 20 分钟,用纱布滤过,去渣取液。每日每只 30～40 毫升,混于饲料中投给。将患过传染病和生过患红爪病仔兽的母兽从种兽群中挑出,对减少本病的发生有一定的作用。

患红爪病的仔兽要及时救治。仔兽出生后 5～6 小时必须进行1次检查,以后每隔5天检查1次,发现病兽立即用药物治疗。可经口腔徐徐滴入2‰维生素C水溶液,每日1次,每次1毫升,连用5天;也可用注射法给药。维生素C水溶液要现配现用。发现患病仔兽时应立即将其母兽的乳汁排空,按摩乳房,促进乳汁正常分泌,帮助仔兽吃乳,有利于患病仔兽康复。将患病仔兽连同母兽一起移到温暖舒适的场所。

四、佝 偻 病

本病为幼兽的一种营养代谢病。由于维生素D不足、钙和磷不足或比例不当,引起骨骼柔软易于变形。本病发生于出生后3个月以内的仔兽和幼兽,成年兽所发生的类似疾病叫软骨症。一般多发生于冬季,怀孕期母兽维生素及无机盐供应不足是发生本病的原因之一。多发生于早期断乳的仔兽。人工喂养仔兽时日粮中缺乏无机盐、维生素及蛋白质时,或者仔兽患胃肠病,饲养于暗而不洁的笼舍中缺少紫外光照射时,均易发生本病。

维生素D不足是发生本病的主要原因。日粮中虽有足量的钙和磷,如缺少维生素D也照样发生佝偻病,当然,钙和磷的缺乏是发生本病的基础。另外,饲料中脂肪过多时也影响钙和磷的吸收,也可能发生本病。本病耐过的仔、幼兽生长缓慢,毛皮质量降低,母兽失去种用价值,给毛皮兽养殖业造成重大损失。

【临床症状】 先天性佝偻病的临床特征为新生仔兽衰弱,不能起立,站立时前肢腕关节处不自然弯曲,拱背。仔兽几乎不能吸乳。后天性佝偻病呈渐进性发展,病初仔兽兴奋性增高,食欲废绝或异嗜挑吃一些污秽劣质的饲料,精神痴呆,不愿跟随母兽,肠胃蠕动微弱,逐渐消瘦,生长停滞,被毛粗乱,局部有脱毛现象,常发生胃肠功能障碍。病兽不爱活动,喜躺卧,步行蹒跚,有时出现全身强直性痉挛。病情严重时,肌肉松弛,易发生合并症,病兽常强行横卧,关节疼痛,四肢频频移动,头骨中额骨凸出,高低不平,关节肿大,额骨肿胀,甚至不能采食,牙齿动摇,口唇微开,肋骨下端明显凸出,凸出处疼痛,四肢骨弯曲,脊柱弯曲下沉,易发生骨折,有时见腹肌弛缓,腹腔容积增大,呼吸困难。降低了动物抵抗力,容易发生合并症或全身衰竭、贫血而死亡。

【诊　断】　根据临床症状,血液红细胞数减少及血红蛋白量下降、白细胞增多,结合饲养管理条件等综合分析,容易作出诊断。

【防治措施】　预防本病的基本法是补给维生素 D 和磷、钙。补给维生素 D 主要使用鱼肝油和麦角固醇制剂。鱼肝油中含维生素 A 和维生素 D。维生素 D 的供给量,银黑狐、北极狐每日每只 200 单位,水貂、黑貂 100 单位。笼舍要向阳,阳光要能直接照射到毛皮兽身上,冬季可用紫外光照射,每日20～35 分钟,连用 20～30 日为 1 个疗程。常用骨粉来补充钙、磷,用量银黑狐、北极狐每日每只 10 克,黑貂、水貂每日每只 3克。日粮中钙的含量不得少于 0.5%,钙磷比例以 1～2：1 为宜。妊娠母兽维生素 D 和钙的需要量比平常多 1 倍,哺乳期多 2 倍,应注意补充。一些饲料中维生素 D 的含量见表 4。

表 4　毛皮兽饲料中维生素 D 含量　(单位/千克)

名　称	数　量	名　称	数　量
晒干的草地干草	550	鱼肝油	100000
苜蓿干草	1600	金枪鱼肝油	4000000
垄上干燥的留种干草	1000	日光照射过的植物油	1500000
玉米青贮料	90	血　粉	600
日光照射过的干啤酒酵母	2500000	全牛乳	10

治疗方法主要是补充维生素 D 和钙、磷。银黑狐、北极狐每日每只服鱼肝油（含维生素 D 1 000～1 500 单位），黑貂、水貂每日每只服维生素 D 500～750 单位，连服 2～3 周，然后逐渐降至预防量。也可用鱼肝油作皮下或肌内注射，每日 40 单位/千克体重。日粮中加入骨粉，银黑狐、北极狐每日每只40～50 克，貂 20～25 克，貉 30～35 克。病兽喂给富含维生素 D 的鲜肉、肝、乳、马铃薯、莴苣等。

五、水貂黄脂肪病

本病也叫脂肪组织炎或肝、肾脂肪变性，是毛皮兽饲养业中危害较大的常发疾病，不仅直接引起水貂大量死亡，而且常造成母兽不孕、流产、少产、烂胎、胎儿吸收、死胎、干乳以及生后仔兽发育不良等，公兽不能参加配种。本病随时可以发生，以 8～10 月份发病较多，仔兽可大批发病，发病率高的达 80%，病死率达 50%。

引发本病的主要原因是饲喂了酸败的脂肪和缺乏维生素 E，当地的水和谷物中缺少硒也与该病的发生有关。

【临床症状】 本病多见于幼龄水貂。体质肥胖、采食能力强的小公貂更易发病。

发病初期病貂食欲减退或完全拒食，精神沉郁，不愿活动，体温升高，呼吸加快，可视粘膜黄染。大多数病貂出现后肢麻痹，强行驱赶时，站立不稳或不能站立，最后发生痉挛，昏迷而死亡。死前多排出红褐色血色素尿。急性病例，见不到任何前驱症状，死亡非常突然，往往将投给的饲料全部吃净，然后死亡。

亚急性和慢性病例常伴发胃肠炎，发生腹泻，排出粘稠的沥青样粪便。触摸鼠蹊部常能发现有片状或索状的较硬的凝固脂肪块。病程一般 2～7 天。

病貂血像变化明显,白细胞数量增加到 25 000～38 000/立方毫米。红细胞减少,急性病例下降到 300 万/立方毫米,亚急性病例红细胞通常在 600 万～750 万/立方毫米。显示不同程度的贫血。血浆谷丙转氨酶显著增高,尿有时可发现各种的管型,尿中出现血红蛋白,胆红素增高。

【病理变化】 主要特点是非化脓性脂肪组织炎和皮下水肿,尸体营养状况良好。头颈部和后臀部皮下有水样或胶冻样渗出液。皮肤变硬,有斑点。皮下脂肪增生,变硬,呈柠檬色或黄褐色。腹腔和胸腔内有澄清的或浅红色渗出液。大网膜充血,大网膜、肠系膜、肾脏周围沉积着黄褐色脂肪。多数病貂胸腺肿大,有出血点。心冠脂肪黄染,脾增大 2～3 倍,有色斑。急性病例胃有出血点,胃肠有红褐色内容物。

【诊　断】 根据病貂死前后躯麻痹,排红褐色和血色素尿,死亡突然,在流行病学上幼公貂多发,剖检皮下水肿,皮肤有色斑,脂肪黄染,白细胞数增加,贫血,再结合喂过酸败变质饲料等,进行综合分析,可作出诊断。有时临床上无特征性变化,根据动物性饲料变质程度、触诊和剖检变化,也不难作出诊断。再观察到注射或增喂适当的硒和维生素 E 制剂后,发病停止,即可确诊此病。

【防治措施】 除去脂肪变质的动物性饲料,禁喂变质饲料,在日粮中增喂新鲜的动物性饲料及含维生素 E 多的饲料,如酵母、鲜肝、小麦芽和棉子油等。

当水貂发病时用无水亚硒酸钠 0.13 毫克/千克体重配成 0.1% 水溶液,作肌内注射,并用维生素 E 0.25 毫克/千克体重肌内注射。

将硒和维生素 E 加入饲料中喂饲也可收到治疗效果。硒以每只貂 0.2 毫克计算配成 0.1％水溶液，均匀地混在饲料内喂给，同时喂予维生素 E 0.25 毫克，效果会更好。饲料中蛋白质含量偏低时，将会影响硒和维生素 E 的防治效果，故饲料中动物性饲料含量以不低于 65％为好。在容易发病的 7～10 月份，每 15 天喂 1 次亚硒酸钠为好。单用维生素 E，效果往往不好，以二者并用为佳。应当特别注意，硒的用量和中毒量非常接近，使用亚硒酸钠不可过量。水貂出现呕吐、厌食、沉郁、呼吸困难、衰弱和昏迷等症状时，应考虑硒急性中毒。硒急性中毒常在注射硒制剂后 24～48 小时死亡。剖检见肺水肿，心内、外膜出血，脂肪变性，肝小叶中心坏死，肾髓质充血，淋巴滤胞坏死，中枢神经系统变性、水肿，胰脏出血，肾上腺皮质出血坏死。

六、维生素 E 缺乏症

是指动物饲料中维生素 E 不足或饲喂大量含不饱和脂肪酸的饲料引起的，以生殖机能障碍和肌肉营养不良为特征的一种代谢病。如果长期大量给毛皮兽饲喂脂肪而且在日粮中又不补充维生素 E，结果引起狐、貉、貂等的母兽流产、空怀或仔兽死亡。除日粮中缺乏维生素 E 外，动物性饲料冷藏不好，贮存时间长，脂肪氧化酸败，易使维生素 E 遭到破坏，自然风干的动物性脂肪维生素 E 也易被破坏，长期饲喂脂肪含量高的鱼类，特别是带鱼、鲭鱼亦会使饲料中的维生素 E 遭受破坏。

维生素 E 是动物体内一种重要的抗氧化物质，一旦缺乏就会引起过氧化物增加，而过氧化物对细胞内的各种酶类有毒性，从而影响体内核酸、蛋白质等的代谢。

【临床症状】 病兽配种期延长，不孕和空怀数增加，所产仔兽虚弱,吸吮无力,死亡率增高。公兽睾丸发育不全,精子活力降低或无活力,甚至无精子,性功能降低或丧失。夏秋季节营养好的动物突然死亡,幼兽常发生黄脂肪病,在腹股沟部皮下可摸到片状或成串状硬固的脂肪块。粘膜发黄,有的有胃肠炎症状,排沥青样粪便,尿液红褐色。

【病理变化】 死亡的病兽营养状况良好,北极狐仔兽皮下常见胶样棕色渗出物,皮肤变硬,皮下脂肪增厚、变硬、黄染。大网膜、肠系膜、心冠沉积黄褐色脂肪。腹腔有大量黄红色积液。脾肿大 2~3 倍。肝肿大、黄染,质地脆弱,胆囊充盈。膀胱粘膜出血、充血。睾丸发育不全或萎缩。胃肠粘膜出血。骨骼肌营养不良,呈水煮样坏死。

【防治措施】 对病兽可选用下述方法处理。维生素 B_{12} 50~100 微克/千克体重,维生素 E 5~10 毫克/千克体重,每日肌内注射 1 次。维生素 E 5~10 毫克/千克体重、青霉素 10 万~20 万单位/千克体重,每日肌内注射 1 次。口服土霉素 0.05~0.2 克,乳酶生 0.2~0.5 克,每日 1 次。配种期、妊娠期和哺乳期母兽日粮中加入富含维生素 E 的新鲜麦芽及鲜杂鱼,同时添加维生素 E 精制品。尽量不用贮存时间较长的、动物脂肪被氧化的饲料。

七、维生素 H 缺乏症

本病是由于维生素 H(又称生物素)的活性降低造成动物发生表皮角化、被毛卷曲及自身剪毛现象为特征的一种代谢病。常发生于银黑狐、水貂。

【临床症状】 病兽皮肤过度角化,开始从背部、胸部脱毛,最后全身裸露,皮肤色素减少。银黑狐仔兽背胸部常出现黑色毛镶边,水貂常发生自咬毛尖和尾尖,形成自剪毛。母兽不孕或生殖能力降低。新生仔兽掌部水肿,被毛呈灰白色。

【病理变化】 尸体极度消瘦,皮肤角化,脱毛,可视粘膜黄染,肝脏肿大,脂肪变性。

【防治措施】 病兽每周注射维生素H2次,每次1毫克,至症状消失为止。不给妊娠母兽和生长期仔兽喂生鸡蛋及带有氧化变质脂肪的饲料。

八、维生素 K 缺乏症

动物患肝脏、胃肠疾病,使消化道缺乏足量的胆汁时,使维生素 K 吸收减少;长期使用抗菌药物,破坏肠道菌群,使维生素 K 合成受阻,从而引起维生素 K 缺乏症。

【临床症状】 新生仔兽可视粘膜和表皮严重出血,粪便中混有血液,体弱贫血,出生后不久大批死亡。

【病理变化】 尸僵不全,血液凝固不良,各器官浆膜和粘膜有大小不等的出血点,呈现出血性素质。

【防治措施】 给妊娠母兽补饲维生素 K,每天 0.5～2 毫克,连续 5 天。对患有胃肠道和肝脏疾病的妊娠母兽要及时治疗,并在饲料中添加富含维生素 K 的鲜肝和无机盐。

九、胆碱缺乏症

胆碱缺乏症是因动物体内的胆碱合成不足引起的以脂肪代谢障碍、大量脂肪在肝脏内沉积为特征的一种代谢疾病。本病常见于水貂和黑貂。

【临床症状】 病兽精神委靡,食欲降低,渴欲增加,生长缓慢,消瘦,衰竭。有时呕吐,腹泻。仔兽被毛粗糙,四肢关节不灵活。母兽缺乳,被毛变成褐色或红褐色。

【病理变化】 尸体消瘦,可视粘膜黄染,肝肿大,呈黄色,积有大量脂肪,质地松脆,易破裂。有的肾脏营养不良。

【防治措施】 给病兽口服胆碱 50～70 毫克/千克体重,或盐酸胆碱 0.3～0.5 毫克/千克体重,至症状消失为止。平时给予足量的维生素 B_{12}、叶酸、维生素C、烟酸等,必要时在饲料中按 20～40 毫克/千克体重加入胆碱。

十、铜缺乏症

铜是毛皮兽体内含量较少,但起重要作用的微量元素,分布在全身所有组织中。其主要生理功能是以酶的形式参与被毛色素和血红蛋白的合成,促进铁的吸收。铜缺乏时,会使毛皮兽发生以贫血、下痢、被毛脱落、心肌变性等为特征的铜缺乏症。

【临床症状】 病兽精神不振,食欲减退,长期下痢,粘膜苍白,生长发育受阻,骨骼变形。被毛色素沉着不足,脱毛。母兽不孕或发生死胎、流产。有的运动失调,痉挛性麻痹,甚至发生半瘫或全瘫。剖检可见心肌变性,心肺水肿。

【防治措施】 对病兽可用 1% 硫酸铜溶液 5～10 毫升,每半月口服 1 次,连用 3～5 次。加强母兽和幼兽的饲养管理,饲料中添加含有铜元素的添加剂。

十一、铁缺乏症

铁是毛皮兽体内的重要微量元素之一,主要存在于血红蛋白、肌红蛋白、细胞色素酶、过氧化物酶、过氧化氢酶及铁传递蛋白、铁蛋白中。铁是运输氧和二氧化碳、参与组织呼吸、促进氧化还原、合成正铁血红素不可缺少的成分。铁缺乏时可引起以红细胞减少、血红蛋白降低、可视粘膜苍白为特征的铁缺乏症。

【临床症状】 病兽精神欠佳,不愿活动,食欲减少,可视粘膜苍白,生长发育缓慢,红细胞减少,血红蛋白降低。严重者皮肤干燥、皱缩,被毛干燥易脱落,衰弱气喘,有的恶心,腹胀,腹泻或四肢水肿。

【防治措施】 给予铁制剂,如硫酸亚铁、枸橼酸铁铵,并补充维生素C。加强饲养管理,补充含铁饲料。

十二、锌缺乏症

锌是毛皮兽体内不可缺少的微量元素,是多种酶的组成成分,主要分布于骨骼、皮肤、被毛中,并与胰岛素活性有关。锌缺乏时,会引起以皮肤角化、骨骼变形、生殖器官发育受阻为特征的锌缺乏症。

【临床症状】 病兽食欲减退,发育缓慢,皮肤增厚或角化,局部色素沉着,面部、四肢、阴囊、包皮及阴门周围皮肤出现痂皮和鳞片,爪垫增厚或龟裂。被毛发育不良,易断。腿骨短粗,关节肿大,行走无力。有的睾丸萎缩,性功能下降。

【防治措施】 用硫酸锌按每日 3～10 毫克/千克体重,混于饲料中饲喂,连用 14 天。补充富含锌的饲料。

十三、自 咬 症

毛皮兽的自咬症是当前对毛皮兽危害较严重的疾病之一。本病除在水貂、黑貂等鼬科动物中流行外,北极狐、银黑狐等也有发生。自咬症的病情北极狐较水貂为重。水貂的发病率高,有的饲养场达 20%～30%,造成很大的损失。轻者咬坏皮张,使皮张降等、降价,病重者因体况衰竭或败血症而死亡。本病可使母兽空怀、咬死或踩死仔兽,降低繁殖率和成活率。

水貂自咬症的发生与色型、性别和季节有关。母貂发病率高于公貂,白色和咖啡色彩貂发病率高于标准色貂和灰色貂。2～5月份和10～11月份是自咬症的高发季节。当年育成貂的发病率低于1.5岁以上的成貂。

本病的病因目前尚无定论。学者说法不一,归纳起来有如下四种说法:①病毒性传染病,且有潜伏期。②缺少某种维生素或微量元素。③外寄生虫刺激,使皮肤奇痒而引起。④肛门腺堵塞,分泌物流出受阻而引起本病。而从本病的症状来看,是一种全身性疾病,与中枢神经系统功能障碍有关。

【临床症状】 多突然发病,呈周期性神经兴奋性增高。发作时病兽不安,作旋转运动,嘶叫,咬自己的尾部和身体各处。严重病例造成重度咬伤,咬断尾巴,撕破皮肤和肌肉。有的并发败血症而死亡。症状轻微者只追逐自己的尾巴,作转圈运动。本病多呈慢性经过,延续几日或者几个月。轻者稍加治疗即能恢复正常,但经过一段时间又复发。病兽一般食欲正常,有时喂晚饲时正常,次晨即见严重咬伤,或者将尾巴咬掉。北极狐自咬症发作时,表现疯狂,相隔很远的地方都可以听到其嘶叫声。有的产仔母兽将仔兽吃掉,产期母兽病情增重,有时可造成重度创伤。

【病理变化】 病兽除咬伤的局部变化外,其他变化不明显。

【诊 断】 根据临床症状容易诊断。

【防治措施】 为了清除本病,应该对仔兽进行严格选育,在基本种兽群中绝不可有病兽,即使是病兽同窝的仔兽也不能留用。所有病兽、可疑病兽都应予淘汰。笼舍用火焰消毒。幼兽加强饲养管理,给以全价日粮,特别注意补足维生素及微量元素。

本病目前还没有特效疗法,根据病因分析,为了防止本病扩散和病情加剧,应注意三个方面:①将病兽立即隔离。②当年仔兽给予全价饲料,注意补给维生素和无机盐。③加强病兽的管理,为其创造安静的环境,免受惊扰。

药物治疗可用溴化剂。溴化钠和溴化钾各半,配成5%溶液,混于饲料中投喂,每日2次,连喂2周,停药1周,再重复给药,直到自咬症状消失。也有用催眠剂和镇静剂的,如皮下注射1%普洛米道尔水溶液,水貂剂量为0.1~0.2克,狐为0.5克,可使病兽熟睡8小时。也有给病狐随饲料投予鲁米那等催眠药的,剂量为0.1~0.3克。有人主张用维生素B_1,狐剂量为2%溶液1.5毫升,貂剂量为1毫升。

局部处理同处理一般污染创。可试用下列处方:①氨苯磺胺粉10份、奴佛卡因粉1份,同时加适量水调成糊状,涂伤口处。②薄荷脑1份,奴佛卡因0.5份,96%酒精10份,配成溶液,涂患处。③奴佛卡因0.1份,硫酸钠0.04份,蒸馏水10份,配成溶液,涂于患处。④奴佛卡因5%,消炎粉45%,凡士林50%,调成软膏,涂患部。⑤甘油、高锰酸钾各等份,混合涂创面。碘酊消毒创面,撒消炎粉。⑥用向阳牌脚气水涂创口,每日1次。⑦轻症者皮下注射0.2%高锰酸钾溶液0.5~1毫升,1日1次。

也可以用青霉素软膏、雷佛奴尔、过氧化氢液、磺胺乳剂、金霉素软膏等。

俄罗斯有人主张用5%氯化钙溶液或10%葡萄糖酸钙溶液,给病水貂肌内注射,每次剂量为1.5~2毫升,连用3次,注射间隔24小时。一般在第一次注射后症状即消失,如再发时,再注射1个疗程。应注意,对咬破的创口已发生化脓的北极狐,应同时用此药剂进行静脉注射。

全身治疗可试用如下处方:①盐酸氯丙嗪注射液0.5毫

升,维生素 B₁ 注射液 1 毫升,青霉素 20 万单位,烟酰胺注射液 0.5 毫升,混合肌注。②氯丙嗪 5 毫克,烟酰胺 0.1 毫克,乳酸钙 0.5 毫克,复合维生素 B 0.1 毫克,以蜂蜜调成糊状,1 次内服。③中国人民解放军农牧大学研制的痒可平 0.07 毫克/千克体重,1 次皮下注射,隔 1 周重复注射 1 次。

十四、食 毛 症

本症的流行虽然没有自咬症那样广泛,但对患病的个体来讲,造成的损失程度比自咬症有过之而无不及。

【临床症状】 病兽被毛缺损,其他方面无明显改变。被毛的缺失多从尾部和后臀部开始,然后逐渐向腰背部、下腹部扩展,最严重的可达到颈部。被毛主要是针毛秃光,绒毛秃短,其状如才剪过毛的绵羊。本病的发生无季节性。

发病原因至今不明,说法不一。有人推测是食物中一些营养成分如无机盐等不平衡或不足,引起新陈代谢障碍;也有人认为与传染病有关,使被毛失去弹性,易于折断;也有人说食毛症是一种恶癖或精神变态。

【诊　断】 应同机械性损伤、摩擦断毛区别开来。机械性摩擦断毛通常发生在笼舍结构不良、小室门及通道狭窄的条件下,并多发生在臀部。也有因水貂过肥,下腹部触磨秃光。另外断毛的形状也不一样。食毛的部位边缘整齐,几乎和剪子剪的一样。自然摩擦断毛边缘不整齐,针绒毛高低不平。

【防治措施】 日粮中补充含硫氨基酸饲料,如羽毛粉、鸡蛋、豆浆等。日常供给营养高的饲料。

十五、白 肌 病

由于饲料、饮水中缺乏硒,使维生素 E 需要量增加,致动物新陈代谢发生紊乱,引起肌肉营养不良、变性和坏死等,有的引起全身衰弱而死亡。

【临床症状】 病兽初期体温、精神、食欲无明显变化,数日或数十日后,出现食欲减退或废绝,病兽精神沉郁,喜欢卧地,不愿活动,腰背部拱起,后肢强硬,不灵活,行动困难,如强迫其活动,则前肢跪下,两后肢拖地匍匐前行,站立困难,有的呈犬坐姿势。病程冗长,病兽营养不良,出现全身衰弱,直到衰弱而死亡。本病多发生在幼龄兽,发育越快的仔兽越易发生此病。

【病理变化】 主要是骨骼肌和心肌的特殊变化。骨骼肌干燥、混浊,切面粗糙不平,有坏死灶,呈淡黄白色或白色,臀部及后股部肌肉变化明显。心脏脂肪减少,色泽变淡、混浊,缺乏光泽,心室扩大,心壁变薄、柔软。

【防治措施】 病兽可补充亚硒酸钠。将亚硒酸钠用生理盐水配成 0.1% 注射液,肌内注射 1.1 毫升,口服量 1.5 毫克,预防量减半。配合使用维生素 E 效果更好。但要注意,使用亚硒酸钠容易中毒,使用时切勿过量。

第八章　仔兽疾病的防治

一、感冒性疾病和冻死

感冒性疾病和冻死是新生仔兽大批死亡的原因之一。特别是北方各地毛皮兽产仔期正处在寒冷季节,如产箱或小室内保温不良、潮湿或垫草太少,仔兽容易感冒;护理不周、母兽产仔于产箱外边、仔兽自己爬到产箱外面、母兽分娩时间过长、母兽抛弃仔兽、天气寒冷时仔兽容易冻死。

【临床症状】 仔兽感冒表现不活泼,有的陷于昏睡状态,像已死亡的样子,有的病仔兽发生哀鸣样叫声,没有特异的表现。

【病理变化】 冻死的仔兽尸体上有外伤,皮下组织出血,肺脏有弥散性肺炎。

【防治措施】 对此病防治可采取以下措施:①合理喂养妊娠母兽,给予全价日粮,补给丰富的维生素,保证母兽的泌乳功能,使仔兽能正常生长发育。②将种兽群中患过乳房炎或有各种缺陷的母兽淘汰。③小室产箱要有良好的保温性能。④母兽产仔后应于当天检查产箱(水貂母性较强,母兽产后不出小室,一般不需要检查),发现有病仔兽及时救治,如母兽不给仔兽吃奶,把仔兽取出,找另一产仔母兽代养。⑤发现母兽行为异常或有仔兽死亡时,要对母兽作详细检查,有乳房炎的要及时治疗,如果乳汁过多造成乳房肿大或仔兽吸吮力弱时,可以让生后两周左右的幼兽来吸吮。⑥发现虚弱冻僵的仔兽时,将母子一起送到暖室内留住 2～3 天。暖室温度保持在38～40℃,不能吃乳的冻僵仔兽,可用滴管将母乳慢慢滴入其口内。

二、仔兽发育不良和衰弱

本病以银黑狐、北极狐最常见。母兽分娩缺奶及患有各种疾病、奶水不足,是仔兽发育不良和衰弱的主要原因。初产多胎的母兽,在同窝仔兽中,有的仔兽发育不良。母兽怀孕期和哺乳期喂养不良,也可造成仔兽发育不良和衰弱。此外,传染性疾病和寄生虫病也都是本病发生的原因。

【临床症状】 发育不良的仔兽活动量很小,被毛暗淡无光,稀薄呈灰色。北极狐仔兽中有时会出现无毛的个体,皮肤上有皲裂。这种仔兽直至晚秋仍然是秃毛,发育不良。

【病理变化】 尸体发育不良,口、眼粘膜贫血,肝、脾、肾及脑髓贫血,细菌学检查阴性。

【防治措施】 加强怀孕期和哺乳期母兽的饲养管理,给虚弱仔兽服 1%～2% 的维生素 C 溶液 1～2 毫升,每日 1 次。稍大的仔兽可服 20%～30% 葡萄糖液 10～15 毫升,每日 2～3 次,或皮下注射 20% 葡萄糖液 5～10 毫升。药要连续使用一段时间。仔兽出生后 20～30 天起开始补饲,供给易消化而营养丰富的饲料。

病兽可补给铁剂,如用还原铁 0.05 克,混于饲料中投喂,每日 3 次。也可用鱼肝油 2～3 毫升,分若干点肌内注射,每 3～5 天 1 次,连用 1 个月为 1 个疗程。鱼肝油必须是新鲜透明的,用前须经巴氏灭菌法灭菌。

三、幼兽胃肠炎

仔兽在生后 25～40 天,即断乳期间,易患胃肠炎。本病特征是胃肠粘膜发炎及胃肠功能障碍。本病发生率高,死亡多,常发生于银黑狐、北极狐的仔、幼狐,水貂和黑貂较少发生。

本病有两种类型:一种是原发性的,一种是继发性的。原发性胃肠炎多因仔兽断乳后消化功能很弱,胃肠分泌活动极易失调,加上饲料的质量低劣、饲喂不当,或由于寄生虫侵袭以及饲养管理和卫生条件不佳,也是造成本病发生的重要原因。继发性胃肠炎多是由于传染病而引起的。如副伤寒、大肠杆菌病等,均有胃肠炎症状。

【临床症状】 病初多为卡他性胃肠炎,尔后有的发展为出血性胃肠炎和溃疡性胃肠炎。长时间喂给劣质、缺乏维生素的饲料,特别是腐烂肉类,可使病情加重。

幼兽胃肠炎主要为急性经过,往往突然成批发病,如果不及时除去病因,可转为慢性型。

患卡他性胃肠炎的幼兽食欲减退或废绝,排出淡白色或咖啡色带粘液的稀粪。肛门周围及尾部被毛被粪便污染。

【病理变化】 在肠粘膜中有大小不同的糜烂灶和溃疡斑,有时穿透胃浆膜,肠道前段也有溃疡。出血性胃肠炎胃粘膜有出血点,肠粘膜有出血性变化。慢性型病例躯体发育不良,消瘦,可视粘膜贫血。

【防治措施】 预防本病应在仔兽断乳期喂予优质饲料,日粮中加入新鲜肉类、鲜肝、蔬菜、嗜酸菌乳等。最好在仔兽28～30日龄开始补饲。日粮中可加入粗制金霉素或土霉素。注意观察母兽和仔兽的行为,防止弄脏饲料或母兽藏匿饲料使饲料变质。注意搞好环境卫生。

对病兽要去除病因,进行综合治疗。下痢、呕吐、拒食的病兽停喂1～2天,服蓖麻油5～10毫升,1次投入,以清肠排毒。尔后服磺胺脒、磺胺双甲基嘧啶、萨罗、鞣酸蛋白等。对卡他性胃肠炎可用稀盐酸2毫升,胃蛋白酶7毫克,清水200毫升,配成溶液口服,每日3～4次,每次1毫升。此外,还可用以下处方:①萨罗、次硝酸铋各等份,混合为散剂,每次服0.05～0.1克。②维生素$B_1$2毫克,烟酸2毫克,水200毫升,配成注射液,灭菌,皮下注射,每次2毫升。③皮下注射5％～20％葡萄糖液。④氟哌酸、金霉素、氯霉素等量混合,1月龄仔兽每次0.05克,2月龄仔兽每次0.1克,每天服2～3次。

第九章 毛皮兽常见内外科疾病的防治

一、肺 炎

肺炎为呼吸系统疾病中较为常见的一种。按病性可分为支气管肺炎和大叶性肺炎两种，以支气管肺炎较为常见。水貂发病率较高，银黑狐、北极狐春季多发，海狸鼠多在气候骤变时易发病。幼兽发病比成兽高。本病的死亡率为 25%～35.5%。天气骤变，笼舍和小室潮湿，在风雨季节里小室关闭不严密，有贼风，易引起感冒，进而发生肺炎。动物逃跑，捕捉不当，可发生肺充血，进而引起肺炎。用胃管投药或投饲，误入气管，可造成异物性肺炎。其他如犬瘟热、副伤寒、巴氏杆菌、绿脓杆菌等感染，均能伴发肺炎。

【临床症状】 病兽精神沉郁，长时间躺卧，银黑狐常弯曲身躯躺卧，水貂多数直着躺卧。食欲废绝。急性发作时病兽有带痛性轻咳。支气管性肺炎流出浆液性鼻汁。继发性肺炎时常流出粘液脓性鼻汁（犬瘟热并发）。体温上升 1～2℃，发热时鼻镜干燥，结膜潮红充血、紫绀，呼吸困难、浅表、频数，呼吸数达 60～80 次/分。心跳达 200 次/分。个别病例胸部听诊有干性啰音、湿性啰音、吹笛音。病程达 8～15 日，多以死亡告终。

患肺炎的海狸鼠呼吸急促，有声响，鼻端扇动，食欲废绝。被毛松乱，无光泽。大叶性肺炎有稽留热，病情严重。

【病理变化】 肺叶坚硬、呈暗红至灰赤色，肺泡内无空气。有时炎症局限于细支气管。炎性渗出物中有剥离的上皮细胞以及红细胞、白细胞。

【诊　断】　根据临床症状可作出诊断。

【防治措施】　预防本病首先应做好冬季笼舍保温工作，修补小室，防止贼风侵入，避免潮湿。天气骤变时要注意保持小室温暖、干燥。母兽产仔时要移入暖室内，新产仔兽要待皮肤干燥后再移入母兽笼舍。在风冷天气不得让水貂、海狸鼠、麝鼠洗澡。

病兽冬天要注意保暖，笼舍置于避风向阳处，保持安静。喂给易消化的饲料，如牛乳、鸡蛋、肉汁及新鲜肉馅。心脏衰弱时可皮下注射樟脑或安钠咖。为预防发生败血症可投服磺胺吡啶或磺胺噻唑，并加等量的碳酸氢钠，也可投服长效磺胺。常用青霉素、链霉素肌内注射，每次3万～5万单位，每日2次。病情严重的，在使用青霉素、链霉素的同时，可肌注磺胺嘧啶钠或磺胺噻唑钠注射液0.5～1毫升。也可使用下列处方：①吐根叶0.5毫克，碳酸氢钠4毫克，磷酸可待因0.2毫克，清水200毫升配成溶液，口服，狐每日3次，每次1食匙，水貂减半，以祛痰镇咳。②磷酸可待因0.015毫克，碳酸氢钠0.2毫克，口服，每日2次。③20%安钠咖注射液1毫升，皮下注射，狐每日2次。

二、急性胃扩张

急性胃扩张是由于饲料质量不良或采食过量，使胃的收缩和分泌功能减弱，微生物大量繁殖，产生气体，导致胃容积扩大，胃壁极度扩张。根据病因可分为原发性胃扩张与继发性胃扩张。前者多因采食过量的适口、干燥、难以消化或容易发酵的食物，继而剧烈运动或饮用大量冷水，从而引起急性胃扩张。继发性胃扩张主要继发于胃扭转、幽门阻塞及小肠狭窄、便秘、肠梗阻等病症。本病多发于银黑狐、北极狐、黑貂、水貂、海狸鼠及貉等。

【临床症状】 常于采食后数小时腹围增大,腹壁紧张,运动减少或运动无力。胃部叩诊发鼓音。气喘,呼吸困难,心跳加快,可视粘膜潮红或紫绀。后期精神委靡,丧失活动能力,常因窒息或胃破裂而死亡。

【病理变化】 胃容积增大,内有大量气体及酸臭的内容物。胃壁变薄,胃粘膜充血、出血,表面附有粘液。肠粘膜出现卡他性炎症。肺充血或水肿。当胃破裂时,腹腔内有饲料残渣和大量气体。

【防治措施】 严格执行饲喂制度,改变饲喂次数时要注意饲料质量,初期适当减少喂量,逐渐增至正常日粮标准。仔兽适时分窝单养,不要将体弱和食欲旺盛的养在同一笼内。母兽泌乳期应在饲料中加入适量抗生素。

可用 5% 乳酸 3～5 毫升,土霉素 0.3 克,氧化镁 0.2～0.5 克,1 次内服;萨罗 0.05～0.1 克,乳酶生 1 克,内服;腹压过大时可用注射针头穿刺,缓慢排除胃中气体,放气后由穿刺针孔注入青霉素 5 万～10 万单位。禁食 24 小时。

三、烂胎与产后败血症

妊娠中后期母兽常发生流产、死胎、烂胎;母兽分娩助产不当造成难产、产道粘膜损伤、胎衣滞留、子宫复位不全使局部组织发生炎症、受溶血性链球菌和金黄色葡萄球菌、大肠杆菌等感染并侵入血液而引起的全身性急性感染。

【临床症状】 烂胎母兽食欲不好,怀孕征候消失,到预产期不产仔,胎儿死在母体内,造成自身中毒,致使母兽死亡。患败血症的母兽发热、稽留,食欲废绝,精神委靡,恶寒战栗,四肢发凉,可视粘膜黄染。呼吸浅表,心跳加快,下血痢,触诊腹壁敏感、紧张,子宫复位不全或弛缓。阴道内排出灰色恶臭物,阴道粘膜干燥、肿胀。

【防治措施】 病兽用青霉素 10 万～25 万单位,肌内注射,每日 2 次,连用 3～5 天。每天向子宫内注入抗生素 1 次。子宫有炎性渗出物时,肌内注射脑垂体后叶素 1～5 单位。

怀孕母兽中后期应给予新鲜、全价营养的饲料。为预防母兽败血症可肌注青霉素或链霉素。临产前对产室和产房进行严格消毒。助产时防止损伤产道,发现损伤或局部感染时,应及时治疗。

四、剖腹助产术

母兽骨盆、子宫颈狭窄,胎儿畸形,胎儿过大,胎位不正,使胎儿不能经产道产出。对此应采取剖腹助产手术。

1. **切口选择和保定** 侧卧术式:侧卧保定,在最后肋骨至髋结节间作与脊柱平行的切口。狐、貉自腰角下方 3～4 厘米处开始,向前下方切 8～10 厘米;貂在髋结节与最后肋骨间切 4～5 厘米。腹下术式:作仰卧保定,在脐至耻骨联合间中线的一侧作切口,切口长度视动物大小而定。

2. **消毒与麻醉** 切口周围剃毛,先用 5% 碘酊涂擦,5 分钟后再擦以 75% 酒精。肌内注射氯丙嗪 50 毫克,作局部麻醉。水貂也可用 10% 水合氯醛进行直肠灌注。

3. **手术步骤** 手术部位盖上创布,并固定。切开腹部肌肉,剪开腹膜,用灭菌纱布保护创口,将妊娠子宫角引到创口外,放到创布上,在子宫角大弯处沿纵轴作 3～4 厘米长的切口,从切口处由近到远依次压迫子宫壁,使胎儿移向切口并取出,随时吸干胎水。一侧子宫角内的胎儿取完后,以同样方法取出另侧子宫角内的胎儿。用灭菌生理盐水冲洗子宫腔，排尽液体，用纱布擦净切口，向子宫内放入金霉素 0.25～0.5 克或青霉素 40 万～80 万单位。用肠线先连续缝合子宫粘膜，再内翻缝合浆膜和肌层，将子宫还纳腹腔，并整复。向腹腔注入青霉素 40 万～80 万单位。用肠线连续缝合腹膜、肌肉，用丝线结节缝合皮肤，最后在创口涂以消炎软膏，敷以绷带。

子宫严重破裂、坏死，不能继续保留时，可行子宫切除术，将输卵管连同韧带和血管双重结扎，切断输卵管。将子宫阔韧带及其血管双重结扎，分离子宫角，在两道结扎线之间切断韧带。从腹腔取出子宫角，于子宫颈前之子宫体上装软肠钳，压迫排出子宫内容物，在软肠钳前方装钝肠钳，从两肠钳之间切断子宫体。在子宫断端涂碘酊，粘膜作连续缝合，浆膜、肌层行内翻缝合，再涂碘酊，除去肠钳，将其还纳于腹腔内。

4. **术后护理**　术后将病兽单独饲养，连续给予抗生素 3～5 天。对拒食者静脉注射葡萄糖，胃管灌服牛奶、肉汤等，防止病兽撕咬破坏绷带，必要时在不影响采食的情况下，给予催眠药。如创口感染，可拆除缝线 1～2 针，用纱布引流，正常愈合者 8～10 天拆线。

主要参考文献

1. 刘鼎新　《第一届中级野牲饲养技术干部训练班兽医学讲义》,1959.6.

2. 刘鼎新　《中国珍贵毛皮兽疾病学首届培训班讲义》,1988.2.

3. 中国农业科学院兰州兽医研究所　《经济动物疾病诊疗大全》,甘肃民族出版社,1993.

金盾版图书，科学实用，
通俗易懂，物美价廉，欢迎选购